ZEITSCHRIFT FÜR ANGEWANDTE GEOLOGIE

HERAUSGEGEBEN VOM
ZENTRALEN GEOLOGISCHEN INSTITUT
IM AUFTRAG DES
STAATSSEKRETARIATS FÜR GEOLOGIE

AUS DEM INHALT

N. J. Uspenskaja
Die periodische vertikale Verteilung von Erdöl- und Erdgaslagerstätten in Tafelgebieten und ihr Zusammenhang mit der rhythmischen Sedimentation

P. Krüger
Zur Abhängigkeit der Schwefelisotopenverteilung sedimentärer Schwefelverbindungen vom stratigraphischen Alter

H. Rosenberger
Chemische und mineralogische Zusammensetzung sowie Korngrößenaufbau von Blähtonen Ihr Blähvermögen bei der Porensinterherstellung

H. Lützner & R. Maaz
Ein Rechenprogramm zur Auswertung von Richtungsmessungen mit geringer Streuung

H. Thiergärtner & I. Koch
Varianzanalyse und Duncan-Test zur Gliederung von gruppierten Daten

V. Manhenke
Zur Berechnung des Zusammenhangs zwischen Grundwasserhaushalt, -förderung und -absenkung mittels elektronischer Datenverarbeitung

AKADEMIE-VERLAG · BERLIN

BAND 15 / HEFT 5
MAI 1969
SEITE 221—276

	INHALT	СОДЕРЖАНИЕ	CONTENTS	
	1. Mai 1969	1 мая 1969 г.	May-Day 1969	221
USPENSKAJA, N. J.	Die periodische vertikale Verteilung von Erdöl- und Erdgaslagerstätten in Tafelgebieten und ihr Zusammenhang mit der rhythmischen Sedimentation	Периодично-вертикальное распределение нефтяных и газовых месторождений в платформенных областях и их свясь с ритмичностью осадконакопления	The Periodical Vertical Distribution of Oil and Gas Deposits in Platforms and its Relationship with the Rhythmic Sedimentation	222
	Ist das Erdöl anorganisch entstanden? (Referat F. STAMMBERGER)	Возникла ли нефть неорганическим путем? (Реферат Ф. ШТАМБЕРГЕРА)	Is Petroleum of an Inorganic Origin? (Abstracted by F. STAMMBERGER)	229
GUTMAN, I. S., & G. W. BUSYGIN	Zur Berechnung prognostischer Erdölvorräte	О подсчете прогнозных запасов нефти	On Calculating Prognostic Oil Resources	233
KRÜGER, P.	Zur Abhängigkeit der Schwefelisotopenverteilung sedimentärer Schwefelverbindungen vom stratigraphischen Alter	Зависимость распределения изотопов серы осадочныхсерных соединений от стратиграфического возраста	Dependence of the Distribution of Sulphur Isotopes of Sedimentary Sulphur Compounds on the Stratigraphic Age	236
NAUMOW, G. W., & L. F. MIRONOWA	Das Verhalten der Kohlensäure in hydrothermalen Lösungen bei der Bildung der Quarz-Nasturan-Kalzit-Gänge des Erzgebirges	Поведение углекислоты в гидротермальных растворах при образовании кварцево-настураново-кальцитовых жил Рудных гор	The Behaviour of Carbonic Acid in Hydrothermal Solutions during the Formation of Quartz-Nasturene-Calcite Veins of the Erzgebirge	240
ROSENBERGER, H.	Chemische und mineralogische Zusammensetzung sowie Korngrößenaufbau von Blähtonen; ihr Blähvermögen bei der Porensinterherstellung	Химический, минералогический и фракционный состав набухающих глин, их способность к набуханию при производстве пористых агломератов	Chemical and Mineralogical Composition as well as Granulometry of Expanded Clays for Manufacturing Porous Sinter	241
LÜTZNER, H., & R. MAAZ	Ein Rechenprogramm zur Auswertung von Richtungsmessungen mit geringer Streuung	Счётная программа для интерпретации замеров направлений с небольшим рассеиванием	A Computing Programme for Evaluating Direction Measurements Having Minor Scattering	248
THIERGÄRTNER, H., & I. KOCH	Varianzanalyse und DUNCAN-Test zur Gliederung von gruppierten Daten; dargestellt am Beispiel geochemischer Daten von Sedimentgesteinen	Применение анализа вариантности и испытания по методу ДУНКАНА для расчленения группированных данных (на примере геохимических данных из осадочных пород)	Variance Analysis and DUNCAN-Test for Classifying Grouped Data Exemplified by Geochemical Data of Sedimentary Rocks	253
HILLAR, N., & E. KITTL	Die Molybdänlagerstätten des Cerro Asperezas, Sierra de Córdoba, Argentinien	Молибденовые месторождения Серро Асиересас, Сьерра де Кордоба, Аргентина	The Molybdenum Deposits of Cerro Asperezas, Sierra de Córdoba, Argentina	256
MANHENKE, V.	Zur Berechnung des Zusammenhangs zwischen Grundwasserhaushalt, -förderung und -absenkung mittels elektronischer Datenverarbeitung	Подсчёт зависимости между балансом грунтовых вод, добычей и понижением уровня грунтовых вод с помощью электронной обработки данных	Calculation of the Relationship between Resources, Production and Lowering of Ground Water by Means of Electronic Data Processing	258
REH, M.	Vergleichende bodenphysikalische Untersuchungen von vier Lockergesteinstypen mit verschiedenen PROCTOR-Geräten	Сравнительные почвенно-физические исследования четырёх типов рыхлых пород посредством приборов Проктора	Comparative Tests of Four Types of Soil Using Various PROCTOR Testing Devices	265
VOSSMERBÄUMER, H.	Tabellarische Dokumentation von Sedimentgesteinen auf feldgeologischer Grundlage	Табличная документация осадочных пород на полевой геологической основе	Tabular Documentation of Sedimentary Rocks on a Field-Geological Basis	272

Besprechungen und Referate, Neuerscheinungen und Literaturhinweise, Informationen, Kurznachrichten 273—276

Die ZEITSCHRIFT FÜR ANGEWANDTE GEOLOGIE berichtet ständig über folgende Arbeitsgebiete: Geologische Grundlagenforschung und Lagerstättenforschung / Methodik der geologischen Erkundung / Ökonomie und Planung der geologischen Erkundung / Technik der geologischen Erkundung / Geologie und Lagerstättenkunde im Ausland. In der Zeitschrift können alle strittigen Fragen der praktischen Geologie behandelt werden. Die Autoren übernehmen für ihre Aufsätze die übliche Verantwortung.

ZEITSCHRIFT FÜR ANGEWANDTE GEOLOGIE

Träger der Ehrennadel in Gold der Gesellschaft für Deutsch-Sowjetische Freundschaft

KOLLEKTIVE CHEFREDAKTION

Dr. K. KAUTER (Redaktionssekretär)
Prof. Dr. F. STAMMBERGER
Dr. habil. G. TISCHENDORF

BAND 15 · MAI 1969 · HEFT 5

(Aus: FRANS MASEREEL, Holzschnittfolgen, Maidemonstration)

1. Mai, Kampftag der arbeitenden Menschen der ganzen Welt, Ausdruck des Kampfes der Arbeiterklasse in den noch kapitalistischen Staaten, Wahrzeichen des Sieges in den Ländern des Sozialismus!

Den Arbeitern, Ingenieuren und Wissenschaftlern unseres Industriezweigs zum 1. Mai 1969 ein herzliches

Glückauf!

Die periodische vertikale Verteilung von Erdöl- und Erdgaslagerstätten in Tafelgebieten und ihr Zusammenhang mit der rhythmischen Sedimentation

N. JU. USPENSKAJA, Moskau

1. Allgemeine Betrachtungen über die rhythmische Sedimentation und Kohlenwasserstoffverteilung

Es wird der gesetzmäßige Zusammenhang zwischen der vertikalen Verteilung der Erdöl- und Erdgas-Serien innerhalb des Tafeldeckgebirges und der Rhythmizität der Sedimentation am Beispiel der Westeuropäischen und der Skyth—Turan-epipaläozoischen Tafeln behandelt.

Die Skyth—Turan- und die Westeuropäische epipaläozoische Tafel entstanden im Bereich des variszischen (teilweise auch kaledonischen) Faltenstranges, der sich in der äußeren Zone der geosynklinalen Tethys entwickelte und im Norden durch die alte Russische Tafel begrenzt wird. Die generelle geotektonische Situation wurde durch die gleichartige Sedimentation auf beiden jungen Tafeln und durch die analoge tektonische Entwicklung bestimmt. Daraus leitet sich auch eine weitgehende Analogie für die Verteilung von Erdöl und Erdgas im Bereich beider Tafeln ab.

Auf der Westeuropäischen Tafel beginnt die sedimentäre Schichtenfolge mit der Trias oder dem Oberen Perm. Im nördlichen Teil der Tafel im Norddeutschen Becken ist das Obere Perm in Form des salinaren Zechsteins ausgebildet. Infolge der viel später erfolgten Konsolidierung des gefalteten paläozoischen Untergrundes der Skyth—Turan-Tafel setzte die Sedimentation auf dieser Tafel erst mit der Kreide ein. Zwischen den Tafelsedimenten und dem gefalteten paläozoischen Untergrund ist auf beiden Tafeln eine kontinentale, teilweise auch marine, rote und bunte sowie stellenweise vulkanogene Übergangsfolge ausgebildet. Das Alter dieser Übergangsfolge ist auf der Skyth—Turan-Tafel und auf der Moesischen Platte oberpermisch, triadisch und teilweise liassisch. Auf der Westeuropäischen Tafel gehören sicherlich die mächtigen roten kontinentalen Folgen des Unteren Perm (Unteren Rotliegenden), des Westfal und des Stefan, die stellenweise vulkanogen oder als Molasse ausgebildet sind und Kohlen enthalten, zu dieser Übergangsfolge. Diese Ablagerungen sind tektonisch verhältnismäßig schwach beansprucht. Sie überlagern das Devon und das Unterkarbon und füllen an manchen Stellen grabenartige Becken aus, so daß sie 4 bis 8 km mächtig werden können.

In letzter Zeit sind in diesen Ablagerungen in der Norddeutschen Senke und in der Nordsee umfangreiche Gasvorkommen erschlossen worden. Eine regionale Kohlenwasserstofführung ist auf beiden Tafeln für die Untere Kreide sowie für den mittleren und oberen Jura charakteristisch. Weniger ausgeprägt ist die Erdöl-Erdgas-Führung im Oberen Perm, in der Trias, im Lias und im Paläogen.

Eingang des Manuskripts in der Redaktion: 21. 10. 1968.
Vortrag anläßlich des XIX. Berg- und Hüttenmännischen Tages der Bergakademie Freiberg am 3. Juli 1968.
Übersetzung und Bearbeitung: Dr. H. PÄTZ, Freiberg (Sa.).

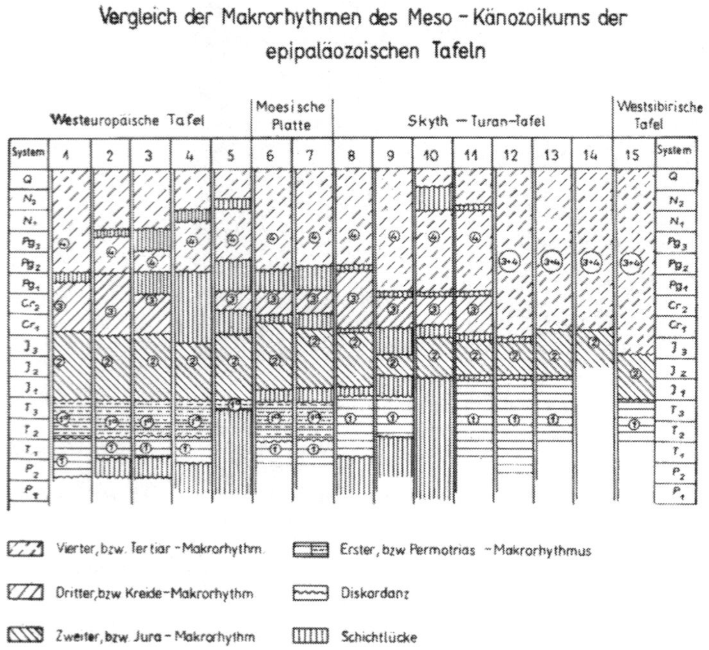

Abbildung 1

1 — Norddeutsches Becken, 2 — Aquitanisches Becken, 3 — Pariser Becken, 4 — Rheintalgraben, 5 — Bayrisches Molassebecken, 6 — Unteres Donau-Becken, 7 — Varna-Becken, 8 — Ostkuban-Senke, 9 — Asow—Kuban-Becken, 10 — Stawropoler Block, 11 — Terek—Kuma-Becken, 12 — Südmangyschlak-Becken, 13 — Amudarja-Becken, 14 — Murgab-Becken, 15 — Mittellauf des Obs

Für die Decksedimente der epipaläozoischen Tafel ist eine klar erkennbare Rhythmizität, die durch die Bewegung der Erdkruste bedingt ist, charakteristisch. Im Deckgebirge der Westeuropäischen und Skyth—Turan-Tafel entsprechen die Sedimente eines jeden Systems in der Regel einem selbständigen Makrorhythmus, der von ausgedehnten Diskordanzen und manchmal von den Ablagerungen der Rhythmen niederer Ordnung begrenzt wird.

Ein jeder Sedimentationsrhythmus (oder -zyklus) beginnt mit einer transgressiven und endet mit einer regressiven Phase. Großrhythmen oder Makrorhythmen, die durch Diskordanzen und Sedimentationsunterbrechungen voneinander geteilt werden, entsprechen im wesentlichen den geologischen Systemen und umfassen Zeitabschnitte von 35 bis 40 Millionen Jahren. Im transgressiven Abschnitt dieser Rhythmen überwiegen marine, terrigene und karbonatische Ablagerungen, die manchmal mit lagunär-kontinentalen Schichten wechsellagern. In einzelnen Depressionen der abgesenkten Küstenebenen bestehen die basalen Teile der Makrorhythmen manchmal aus grauen limnischen und kohleführenden oder gar aus salinaren Bildungen. Die basalen Schichten der Makrorhythmen können in verschiedenen Gebieten unterschiedlichen Alters sein. Zwischen den transgressiven und regressiven Schichtenfolgen wird gewöhnlich noch ein Komplex karbonatischer und schiefriger Ablagerungen mit stärkerem Tiefwassercharakter ausgehalten. Dieser Komplex entspricht dem stationären Zustand des Beckens, der durch sehr langsame, große Zeiträume umfassende Absenkungen charakterisiert wird. Diese Absenkungen werden stellenweise durch kurzzeitige Aufwärtsbewegungen unterbrochen, welche die Ausbildung von Rhythmen niederer Ordnung (Mesorhythmen), die den Abteilungen und Stufen entsprechen, hervorrufen. Die deutliche Ausbildung der Schichtlücken auf Grund der Mesorhythmen nimmt gesetzmäßig mit zunehmender Entfernung vom Abtragungsgebiet ab. Der regressive Komplex besteht aus lagunär-kontinentalen, manchmal auch aus salinaren und kontinentalen und häufig aus bunten und roten Ablagerungen. Bezüglich der Vollständigkeit seiner Ausbildung und Mächtigkeit steht der regressive Komplex dem transgressiven erheblich nach. Der regressive Teil des Rhythmus ist gewöhnlich der teilweisen oder völligen Abtragung während der Transgression des folgenden Makrorhythmus unterworfen und fehlt deshalb häufig in den stratigraphischen Profilen.

2. Zur regionalen Verbreitung der Sedimentationsrhythmen

Abb. 1 vermittelt eine Übersicht über die regionale Verbreitung der Sedimentationsrhythmen in verschiedenen Kohlenwasserstoffgebieten der beiden Tafeln. Im linken Teil der Abb. 1 sind die Profile der Westeuropäischen Tafel, d. h. des Norddeutschen Beckens, des Aquitanischen und des Pariser Beckens, des Rheintalgrabens und des Bayrischen Molassebeckens, dargestellt. Der mittlere Teil der Abb. 1 zeigt die Profile im Bereich der Moesischen Platte, d. h. den Bezirk von Dolni Dubnik des Unteren Donaubeckens in Bulgarien und das Varna-Becken. Im rechten Teil der Abb. 1 sind die rhythmisch-stratigraphischen Profile der Skyth—Turan-Tafel, d. h. der Ostkuban-Senke, des Asow—Kuban-Beckens, des Blocks von Stawropol, des Terek—Kuma-Beckens, des Südmangyschlak-Beckens sowie des Amudarja- und des Murgab-Beckens eingetragen. Auf beiden Tafeln lassen sich innerhalb des mesokänozoischen Tafeldeckgebirges vier Makrorhythmen aushalten. Der erste Makrorhythmus auf der Westeuropäischen Tafel gehört zum Tafeldeckgebirge und umfaßt das Obere Perm und die Trias.

Da die Skyth—Turan-Tafel erst viel später konsolidiert worden ist, setzt der erste Makrorhythmus in diesem Gebiet ebenfalls erst später ein. Er baut sich teilweise aus dem Oberen Perm, aus der Trias sowie aus dem unteren Jura auf und gehört hier zur Übergangsfolge.

Der zweite, d. h. der jurassische Makrorhythmus beginnt auf der Westeuropäischen Tafel, mit marinen Rhät-Lias-Sedimenten. Auf der Moesischen und Skyth—Turan-Tafel setzt der jurassische Makrorhythmus erst am Ende des Lias oder während des Mittleren Jura ein. Damit leitet er gleichzeitig das Tafelstadium dieser Gebiete ein.

Der dritte, d. h. der kretazische Makrorhythmus, wird durch den transgressiven Komplex des oberen Valendis oder des Hauterive eingeleitet. Auf beiden Tafeln ist über weite Teile der dritte Makrorhythmus vom vierten, d. h. vom Paläogen—Neogen-Makrorhythmus, durch eine Erosionsdiskordanz getrennt. Nur im Bereich der Turan-Platte sind die beiden Rhythmen nicht scharf voneinander zu gliedern.

Über ausgedehnte Hochlagen des gefalteten Tafeluntergrundes sind die Makrorhythmen durch zahlreiche Erosionsdiskordanzen gekennzeichnet, und die regressive Phase dieser Rhythmen fiel teilweise oder völlig der Erosion anheim. Im Vorkaukasus ist diese Erscheinung für den Jura-Makrorhythmus bekannt, im Rheintalgraben und im Bayrischen Molassebecken konnte eine solche Ausbildung im Kreide-Makrorhythmus nachgewiesen werden.

3. Sedimentationsrhythmen und Kohlenwasserstoffführung

Für alle Profile, die in Abb. 1 dargestellt sind, wurden Rhythmogramme gezeichnet, die einen Überblick über den Aufbau der Makrorhythmen unter besonderer Berücksichtigung der Stellung der Kohlenwasserstoffhorizonte im Vertikalprofil vermitteln (Abb. 2 und 3). In den Rhythmogrammen wird das Verhältnis von Fazies und Sedimentationsdauer der Ablagerungen unter Berücksichtigung der geologischen Zeitdauer wiedergegeben.

Auf der Abszisse wurde die geologische Zeitdauer maßstabgerecht aufgetragen. Auf der Ordinate ist das Sedimentationsmilieu, d. h. die Fazies, eingetragen. Von oben nach unten betrachtet, sind es die kontinentale, lagunäre und marine Fazies. Bei letzterer werden terrigen und karbonatisch gesondert aufgeführt. Im unteren Teil des Rhythmogramms ist die Verteilung des Erdöls und des Erdgases im Vertikalprofil gekennzeichnet. Die rhythmisch-stratigraphischen Komplexe sind im Bereich der epivariszischen Westeuropäischen Tafel sehr deutlich voneinander getrennt und aushaltend.

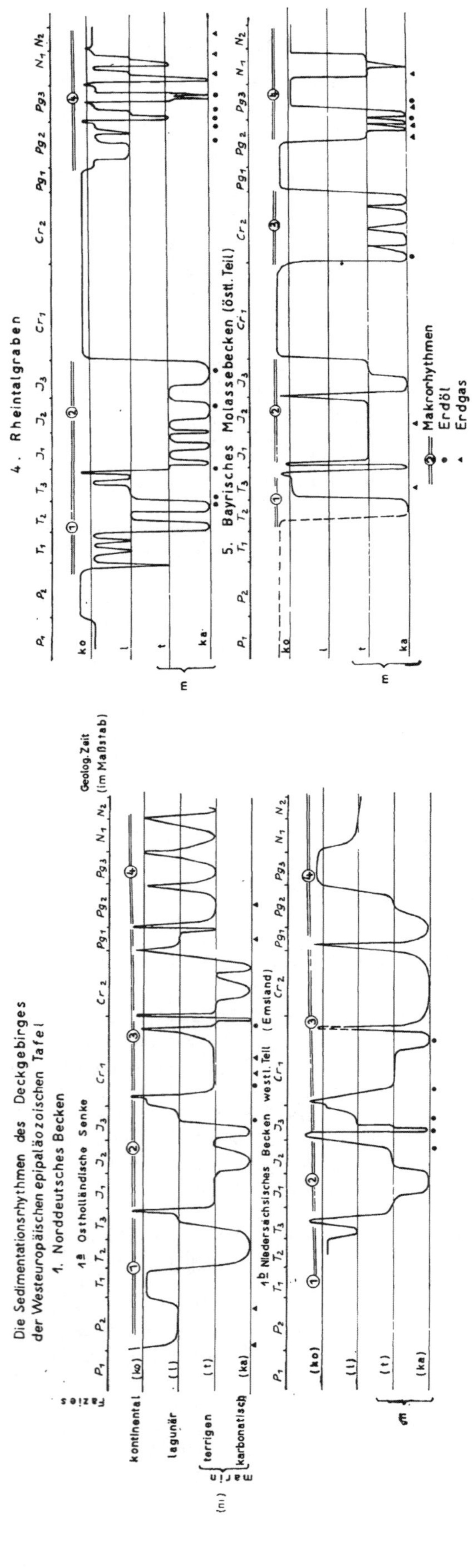

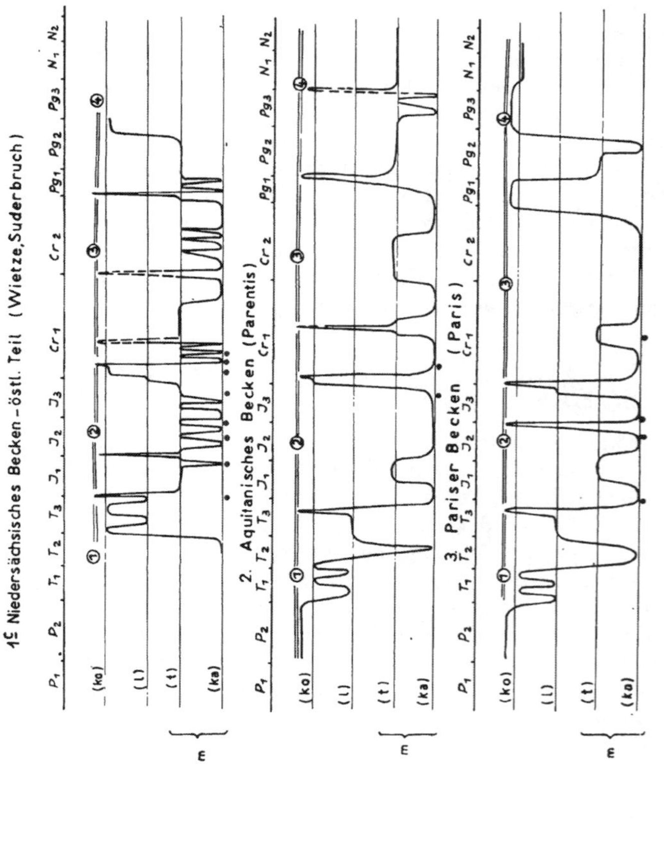

Abb. 2. (1—5)

Abb. 2 zeigt die Rhythmogramme der sedimentären Schichtenfolge der Westeuropäischen Tafel. Von oben nach unten sind eingetragen: Das Norddeutsche Becken mit der Ostholländischen Senke, dem Niedersächsischen Becken (Bezirke Emsland und östlich der Weser); das Aquitanische Becken (Bezirk Parentis), das Pariser Becken, der Rheintalgraben und das Bayrische Molassebecken.

Im Norddeutschen Becken beginnt der erste große Makrorhythmus des Tafeldeckgebirges mit den transgressiven Ablagerungen des permischen salinaren Zechsteins, die über den kontinentalen Folgen des Rotliegenden lagern. Abgeschlossen wird der Rhythmus durch den regressiven kontinental-lagunären Komplex der Oberen Trias.

Im südlichen Teil der Tafel ist der Zechstein sehr geringmächtig ausgebildet oder fehlt sogar, so daß in diesem Bereich der erste Makrorhythmus mit den lagunär-limnischen Ablagerungen der Unteren Trias beginnt, die das Rotliegende überlagern. Innerhalb des oberpermisch-triadischen Makrorhythmus hält man in Westeuropa einen Mesorhythmus der Mittleren Trias aus. Dieser Mesorhythmus wird durch das eine Schichtpaket des Muschelkalks, das zwischen den lagunär-kontinentalen Ablagerungen der Unteren und Oberen Trias liegt, charakterisiert.

Die Jura-Ablagerungen bilden den zweiten sedimentären Makrorhythmus, der sich deutlich auf den epivariszischen Tafeln verfolgen läßt. Dieser Makrorhythmus setzt in Westeuropa mit den transgressiven marinen Sedimenten der Rhät–Lias-Folge ein und endet mit dem regressiven Komplex lagunär-limnischer Ablagerungen des Portland—Purbeck im Aquitanischen und Pariser Becken oder mit den brackischen Ablage-

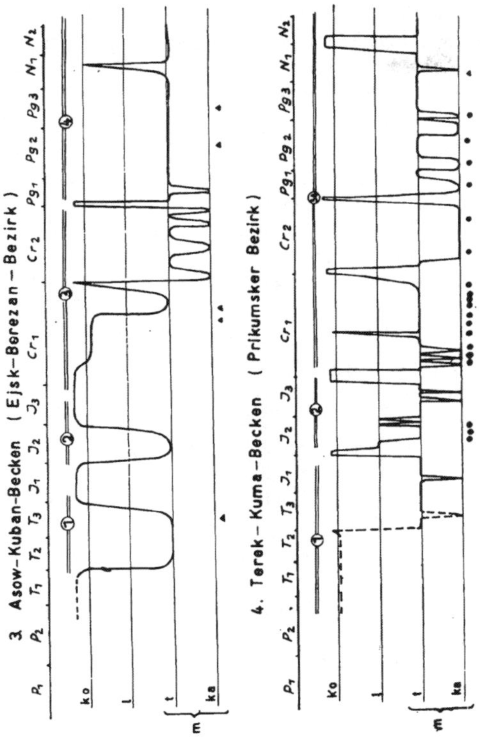

Abb. 3. (1—7)

Die Sedimentationsrhythmen des Tafeldeckgebirges der Moesischen Platte und der Skyt-Turan-Platte

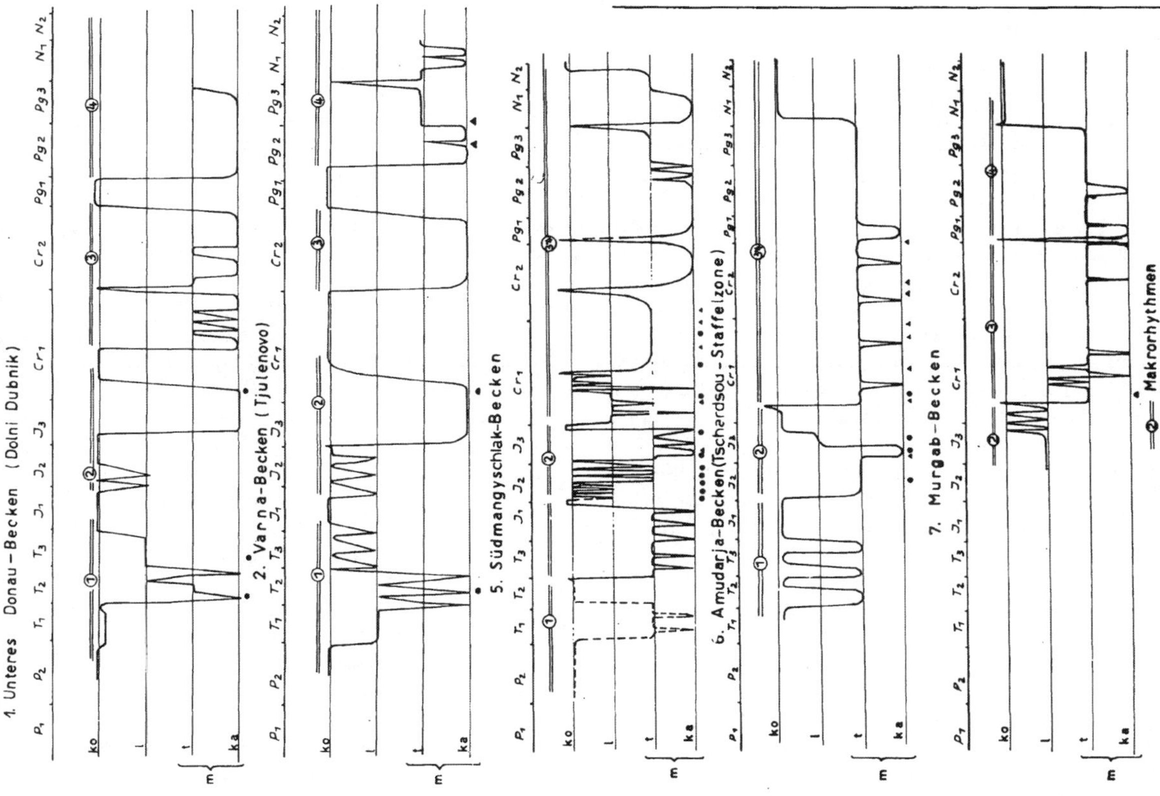

rungen des Purbeck—Valendis (Wealden) im Norddeutschen Becken.

Im Rheintalgraben und im Bayrischen Molassebecken fehlt der oberste Teil des Jura-Rhythmus infolge einer Erosionsdiskordanz und Oberkreide (Molassebecken) oder Paläogen (Rheintalgraben) liegen unmittelbar diskordant auf dem oberen Jura (Abb. 2).

Der dritte bzw. Kreide-Makrorhythmus beginnt mit dem transgressiven Komplex mariner Ablagerungen des Valendis oder Hauterive, der diskordant auf den limnischen Sedimenten des Wealden innerhalb des Norddeutschen Beckens oder auf den lagunär-terrestrischen oberjurassischen Ablagerungen im Aquitanischen und Pariser Becken liegt. Dieser Rhythmus endet mit den marinen Ablagerungen der Oberkreide, die diskordant vom Eozän bedeckt werden.

Innerhalb des Kreide-Makrorhythmus ist der Alb—Oberkreide-Mesorhythmus deutlich ausgebildet. Er wird durch eine weitverbreitete Transgression am Ende des unteren Alb (stellenweise im Apt oder Cenoman) charakterisiert und läßt sich vom Atlantik über Westeuropa bis in den Vorkaukasus und nach Mittelasien verfolgen. Im Rheintalgraben und im Bayrischen Molassebecken verfiel der Kreide-Makrorhythmus vollständig oder teilweise der Erosion.

Der vierte bzw. Tertiär-Makrorhythmus wird in Westeuropa überall ausgehalten. Er beginnt gewöhnlich mit dem marinen Eozän, das transgressiv die Oberkreide und stellenweise (Rheintalgraben) den Jura überlagert. Die neogenen und quartären Ablagerungen spiegeln hier in den meisten Fällen den regressiven Teil des Tertiär-Makrorhythmus wider. In den während des Känozoikums tektonisch aktivsten Becken (Bayrisches Molassebecken, Rheintalgraben) beobachtet man innerhalb des Tertiär-Makrorhythmus eine mehrfache Wechselfolge mariner und terrestrischer Sedimentations- und Erosionsperioden, die durch einige Mesorhythmen zum Ausdruck kommen.

Die betrachteten Rhythmogramme zeigen deutlich, daß die produktiven Kohlenwasserstoff-Serien auf der Westeuropäischen Tafel in den transgressiven Bereichen der Makrorhythmen oder Mesorhythmen vorkommen. Dabei handelt es sich um Bereiche, die unter den Bedingungen tektonischer Bewegungen mit starkem Senkungscharakter entstanden sind. Dies kann gleichzeitig als ein Hinweis auf den syngenetischen Charakter der Kohlenwasserstoffe betrachtet werden.

Im Norddeutschen Becken treten die Kohlenwasserstoffhorizonte im wesentlichen in den transgressiven Abschnitten des Zechsteins, des Rhät—Lias, des Mittleren und Oberen Jura sowie auch im Neokom auf. Bekannt ist der Bentheimer Sandstein im Neokom Westdeutschlands. Diese Verhältnisse werden durch die drei oberen Rhythmogramme der Abb. 2 wiedergegeben. Im Aquitanischen Becken kommen die Kohlenwasserstoffhorizonte im transgressiven Teil des Neokom vor (viertes Rhythmogramm der Abb. 2).

Im Pariser Becken ist die Kohlenwasserstofführung besonders im transgressiven Teil des oberjurassischen Mesorhythmus (fünftes Rhythmogramm der Abb. 2) ausgebildet.

Im Rheintalgraben und im Bayrischen Molasse-Becken ist vor allem die Molasse des Paläogen-Neogen-Makrorhythmus kohlenwasserstofführend. Die Rhythmogramme sechs und sieben der Abb. 2 zeigen, daß die produktiven Horizonte an die Anfangsstadien der Mesorhythmen des Paläogen-Neogen-Makrorhythmus geknüpft sind (untere und obere marine Molasse des Bayrischen Beckens).

Innerhalb des transgressiven Muschelkalk-Mesorhythmus der Mittleren Trias ist ein Erdölhorizont im Rheintalgraben bekannt. Eine Verbindung zwischen den produktiven Serien und den regressiven Teilen der sedimentären Rhythmen wird verhältnismäßig selten beobachtet. Zumeist haben derartige Vorkommen sekundären Charakter. Im wesentlichen kommen die produktiven Horizonte in verkarsteten und geklüfteten Zonen karbonatischer Schichtenfolgen unterhalb von Diskordanzflächen vor, welche die Makrorhythmen oder Mesorhythmen voneinander trennen (karbonatische Horizonte des Mittleren Jura, des Pariser Beckens sowie des Oberen Jura im Aquitanischen Becken).

Auch die oberkretazischen Speicher Norddeutschlands sowie die Gasvorkommen im regressiven Teil der Unteren Trias (Buntsandstein) sind ohne Zweifel sekundärer Natur.

Einen syngenetischen Charakter hat zweifellos die Erdöl-Erdgas-Führung der regressiven brackisch-limnischen Bildungen des Wealden (Purbeck — unteres Valendis) im Norddeutschen Becken.

Abb. 3 zeigt die Rhythmogramme für die Schichtenfolge der Moesischen Platte (die Bezirke Dolny Dubnik und Varna-Becken) und für die Skyth—Turan-Tafel (Asow—Kuban-Becken, Terek—Kuma-Becken, Südmangyschlak-Becken, Amudarja-Becken und Murgab-Becken). Der erste Makrorhythmus gehört in diesem Gebiet noch zur Übergangsfolge und umfaßt das Obere Perm, die Trias und den Lias. Diese Sedimente sind gegenwärtig geologisch noch relativ wenig untersucht. Auf der Moesischen Platte wird ebenso wie in Westeuropa der marine Muschelkalk-Mesorhythmus der Mittleren Trias deutlich ausgehalten.

Der zweite bzw. jurassische Makrorhythmus setzt am Ende des Lias oder im Mittleren Jura ein, und er stellt den Beginn der Tafelentwicklung dar. Wegen einer längeren Sedimentationsunterbrechung zwischen dem Jura und der Kreide ist auch der regressive Teil des Jura-Makrorhythmus weder auf der Moesischen Platte noch im Vorkaukasus erhalten geblieben. Im östlichen Teil der Skyth—Turan-Tafel ist der regressive Abschnitt des Jura-Makrorhythmus als lagunär-salinare Folge des Kimmeridge/Tithon im Amudarja-Becken und als kontinentale Schichtenfolge des Tithon/Wealden im Murgab-Becken ausgebildet.

Der vierte bzw. Tertiär-Makrorhythmus beginnt auf der Moesischen Tafel wie auch in Westeuropa mit dem Eozän. Auf der Skyth-Platte und im Vorkaukasus setzt er mit dem Paläozän ein. Auf der Turan-Platte wird der vierte Makrorhythmus mit dem dritten vereinigt.

Die Rhythmogramme für die Moesische Platte und die Skyth—Turan-Tafel lassen ebenfalls den engen Zusammenhang der wichtigsten Kohlenwasserstoffhorizonte mit den transgressiven Teilen der Makrorhythmen erkennen (Abb. 3). So liegt der wichtigste Erdölhorizont der Moesischen Platte (Dolny-Dubnik-Bezirk und Varna-Becken) im transgressiven Mesorhythmus des mitteltriassischen Muschelkalkes (Abb. 3). Ferner verdient in diesem Zusammenhang die Erdgasführung des transgressiven Teils des Paläozän—Eozän-Makrorhythmus des Varna-Beckens erwähnt zu werden. Epigenetischer Herkunft ist zweifelsohne die Erdölführung der Valendis-Kalksteine der Moesischen Platte; denn diese Sedimente gehören mit zum regressiven Teil des Jura-Mesorhythmus, der durch eine regionale Diskordanz abgeschlossen wird. Auf der Skyth—Turan-Tafel kommen die wichtigsten produktiven Horizonte des Mittleren Jura in den transgressiven Teilen des Jura-Makrorhythmus des Terek—Kuma-Beckens, des Südmangyschlak- und des Amudarja-Beckens vor. Die bedeutenden produktiven unterkretazischen Horizonte des Terek—Kuma-Beckens, des Südmangyschlak-Beckens und des Murgab-Beckens treten im transgressiven Teil des Kreide-Makrorhythmus auf (Abb. 3).

Im Amudarja-Becken kommt epigenetisches Erdöl in den lagunären karbonatischen Folgen des oberen Jura vor. Auch die oberkretazischen Kalksteine des Vorkaukasus enthalten ebenfalls epigenetische Kohlenwasserstoffe in Lagerstätten sekundärer Entstehung.

4. Sedimentation und Kohlenwasserstoffgenese

Der Zusammenhang zwischen der Erdöl-Erdgas-Führung und den transgressiven Phasen der Rhythmen läßt sich damit erklären, daß die paläogeographischen Verhältnisse der transgressiven Phasen besonders günstig für die Kohlenwasserstoffgenese sind, weil damit häufig die Ausbildung eines reduzierenden Milieus verbunden ist.

Für die regressiven Stadien der Rhythmen sind oxidierende Verhältnisse charakteristisch. Außerdem wur-

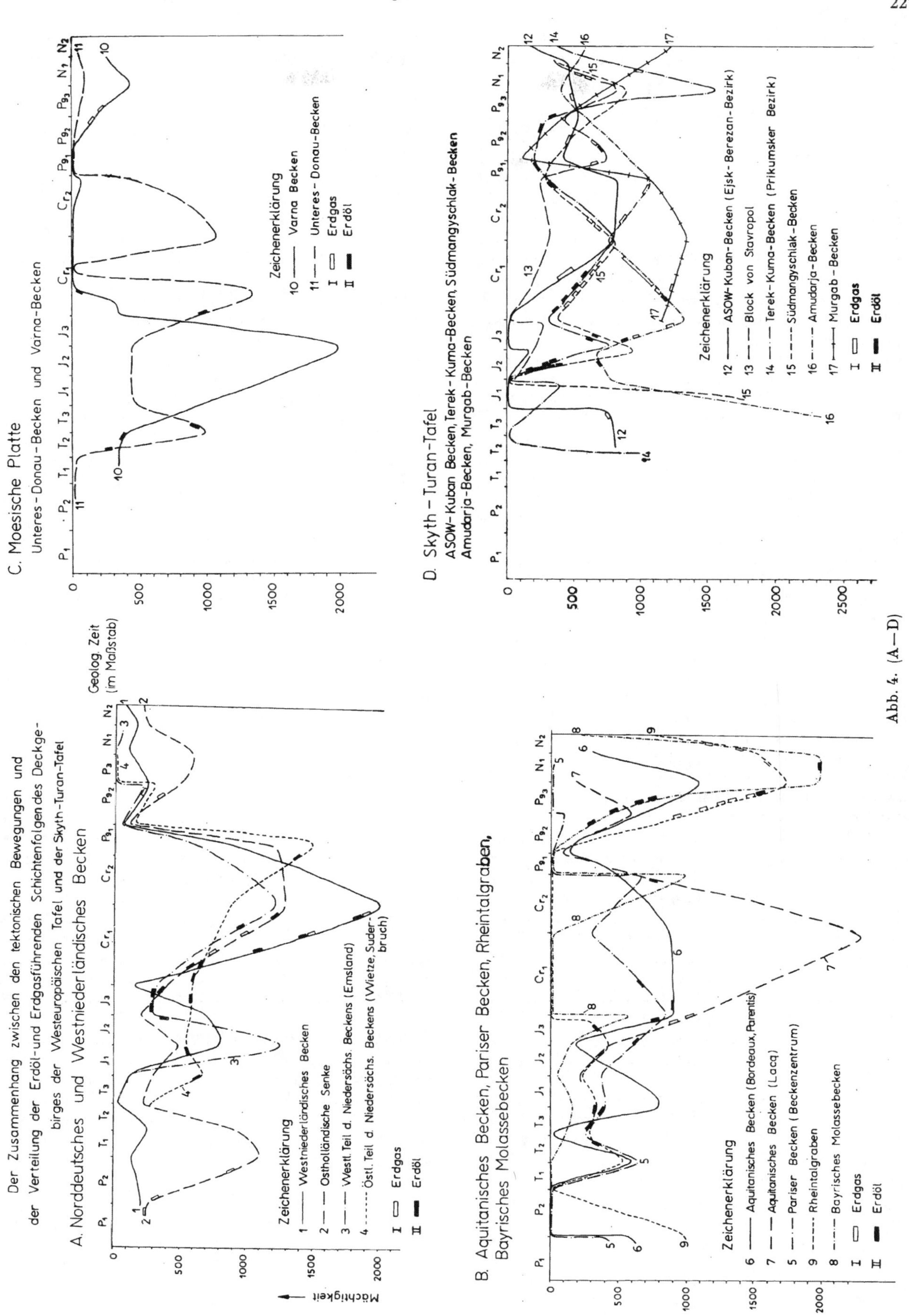
Der Zusammenhang zwischen den tektonischen Bewegungen und der Verteilung der Erdöl- und Erdgasführenden Schichtenfolgen des Deckgebirges der Westeuropäischen Tafel und der Skyth-Turan-Tafel
A. Norddeutsches und Westniederländisches Becken
Geolog. Zeit (im Maßstab)
Mächtigkeit
Zeichenerklärung
1 Westniederländisches Becken
2 Ostholländische Senke
3 Westl. Teil d. Niedersächs. Beckens (Emsland)
4 Östl. Teil d. Niedersächs. Beckens (Wietze, Suderbruch)
I Erdgas
II Erdöl
B. Aquitanisches Becken, Pariser Becken, Rheintalgraben, Bayrisches Molassebecken
Zeichenerklärung
6 Aquitanisches Becken (Bordeaux, Parentis)
7 Aquitanisches Becken (Lacq)
5 Pariser Becken (Beckenzentrum)
9 Rheintalgraben
8 Bayrisches Molassebecken
I Erdgas
II Erdöl
C. Moesische Platte
Unteres-Donau-Becken und Varna-Becken
Zeichenerklärung
10 Varna Becken
11 Unteres-Donau-Becken
I Erdgas
II Erdöl
D. Skyth-Turan-Tafel
ASOW-Kuban Becken, Terek-Kuma-Becken, Südmangyschlak-Becken
Amudarja-Becken, Murgab-Becken
Zeichenerklärung
12 ASOW-Kuban-Becken (Ejsk-Berezan-Bezirk)
13 Block von Stavropol
14 Terek-Kuma-Becken (Prikumsker Bezirk)
15 Südmangyschlak-Becken
16 Amudarja-Becken
17 Murgab-Becken
I Erdgas
II Erdöl

Abb. 4. (A—D)

den die transgressiven Folgen unter günstigen tektonischen Verhältnissen abgelagert, d. h. unter den Bedingungen ständiger Absenkung.

Über die paläotektonischen Verhältnisse der Sedimentbildung unter Berücksichtigung der Kompensation kann man auf Grund der relativen Sedimentationsgeschwindigkeit, die sich durch die Mächtigkeitszunahme in der absoluten geologischen Zeit ausdrückt, urteilen. Diese Angaben zeigen die Diagramme der Abb. 4. Die Abszisse zeigt die geologische Zeit maßstabgerecht. Die Ordinate gibt die Mächtigkeit einer jeden stratigraphischen Folge seit Beginn ihrer Ablagerung an. In den Diagrammen der Abb. 4 ist der Zusammenhang zwischen den bedeutendsten produktiven Schichtenfolgen und den Bereichen der größten Senkungsgeschwindigkeitsgradienten, der sich in der Mächtigkeitszunahme der Sedimente ausdrückt, deutlich sichtbar. Sowohl auf der Westeuropäischen als auch auf der Skyth—Turan-Tafel erfolgten intensive tektonische Bewegungen in Verbindung mit der kimmerischen Phase im Unteren und Mittleren Jura sowie in der Unterkreide. Diese Bewegungen bewirkten die Bildung der überaus produktiven erdöl- und erdgasführenden Schichtenfolge des Jura und der Unterkreide. Als besonders günstig für die Erdöl- und Erdgasentstehung erwies sich die Aufgliederung der Sedimentationsbecken in einzelne tiefe Senken (Tröge), weil in diesen Senken die Mächtigkeit der Sedimente sehr stark ansteigt. Dies kommt besonders deutlich in den jurassischen erdölführenden Trögen des Norddeutschen Beckens zum Ausdruck. Eine dritte Periode tektonischer Bewegungen wurde durch die laramische Phase im Paläogen wirksam. Sie ist als Ursache für die Entstehung des paläogenen Erdöl-Erdgas-Komplexes anzusehen, der besonders markant im Rheintalgraben und Bayrischen Molassebecken ausgebildet ist.

Im Norddeutschen Becken läßt sich noch eine weitere bedeutende tektonische Periode im Oberen Perm nachweisen, die in diesem Gebiet unmittelbar mit der Gasführung des Zechsteins im Zusammenhang steht.

Große Sedimentationsgeschwindigkeitsgradienten charakterisieren auch den mitteltriadischen Mesorhythmus des Unteren Donau-Beckens, der sich durch eine wirtschaftliche Erdölführung auszeichnet. Gleiches läßt sich über den Mittleren Jura, über das Neokom, das Paläozän—Eozän und über das Untere Oligozän der Skyth—Turan-Tafel sagen. Im Amudarja-Becken ist auffällig, daß wirtschaftlich produktive kretazische Erdölhorizonte in Schichtenfolgen vorkommen, die unter aufsteigenden tektonischen Bewegungen entstanden sind. Auch für diesen Fall gilt die Vorstellung über den epigenetischen Charakter der Kohlenwasserstoffe in diesen Horizonten.

Die Bindung der Kohlenwasserstoffhorizonte an die transgressiven Teile der Makrorhythmen und an die Bereiche der größten Absenkungsgeschwindigkeitsgradienten ist nicht zufällig, sondern weist auf die Existenz eines gesetzmäßigen Zusammenhangs zwischen der Verteilung von Erdöl und Erdgas innerhalb der stratigraphischen Folgen und der Rhythmizität der Sedimentation sowie der relativen Sedimentationsgeschwindigkeit hin. Deshalb kann man die Erdöl- und Erdgasbildung in den behandelten Kohlenwasserstoffkomplexen als primär betrachten. Man muß aber die Tatsache beachten, daß sich sowohl unter ungünstigen paläogeographischen Verhältnissen als auch unter günstigen anderen Verhältnissen in den Sedimenten kaum syngenetische Kohlenwasserstoffe bilden können.

5. Der Einfluß sekundärer Faktoren auf die Verteilung der Kohlenwasserstoffe

Auf diese allgemeinen Gesetzmäßigkeiten nehmen sekundäre Faktoren Einfluß. Sie bestimmen die vertikale Verteilung von Erdöl und Erdgas, wobei die Ausbildung von Schichtlücken, die Ausdünnung von Deckschichten oder die Migration an Störungen und Diskordanzflächen entscheidend sind.

Infolge solcher Faktoren können die primären Akkumulationen der Kohlenwasserstoffe verschiedener Generationen zerstört werden, und es bilden sich sekundäre Öl- und Gasakkumulationen. Deshalb widerspricht das stellenweise bekannte Vorkommen von epigenetischen Kohlenwasserstoffen innerhalb der transgressiven Phase des unterkretazischen Rhythmus (Turan-Platte, Terek–Kuma-Becken) keineswegs der allgemeinen Gesetzmäßigkeit. Damit läßt sich auch das Vorkommen größerer sekundärer Öl- und Gasakkumulationen im Bereich ausgedehnter Tafelhochlagen erklären. Obwohl in diesen Gebieten die Makrorhythmen nicht vollständig erhalten sind und die Deckschichten durch die Erosion zerstört wurden, treten in den Hochlagen bedeutend umfangreichere Kohlenwasserstoffakkumulationen als in den Becken auf (z. B. Zentrales Karakum-Gewölbe, Turan-Platte).

Die Darlegungen lassen erkennen, daß die Erdöl- und Erdgasentstehung auf der epipaläozoischen Tafel ein regionaler Vorgang ist, der sich während der Sedimentation in enger Verbindung mit ihrer Rhythmizität und unter günstigen paläotektonischen und paläogeographischen Verhältnissen periodisch vollzieht. Die Mehrzahl der erdöl- und erdgasführenden Serien ist innerhalb des Tafeldeckgebirges eng an Erdölmuttergesteinsfolgen gebunden und könnte als primär kohlenwasserstoffhaltig angesehen werden. Zu einer analogen Folgerung führten auch die von uns schon früher durchgeführten Untersuchungen der Erdöl- und Erdgasführung auf den alten Tafeln, nämlich der Russischen und der Nordamerikanischen (USPENSKAJA 1952).

Von dieser allgemeinen Gesetzmäßigkeit treten einzelne spezielle und häufig sogar zahlreiche Abweichungen auf, die von den verschiedenartigsten Faktoren, welche die Umlagerung des Erdöls und Erdgases und die Entstehung sekundärer Kohlenwasserstoffakkumulationen bedingen, abhängen.

Die wirtschaftliche Bedeutung der Kohlenwasserstoffträger hängt in wesentlichem Maße von der regionalen Verbreitung mächtiger karbonatisch-toniger Folgen ab, die als Deckschichten für die Kohlenwasserstoffakkumulationen dienen. Als zuverlässige Deckschichten für die jurassischen und unterkretazischen Kohlenwasserstoffhorizonte erweisen sich die mächtigen Oberkreideablagerungen, die vom Atlantik bis zum Tienschan ausgebildet sind. Das Paläogen wird in dieser Beziehung von den tonigen und mergeligen Folgen des Oligozäns sicher abgedeckt. Auf die Besonderheiten der Erdöl- und Erdgasverteilung in den einzelnen Lagerstättenbezirken haben die lokalen Deckgesteinsfolgen einen entscheidenden Einfluß.

Zeitschrift für angewandte Geologie, Bd. 15 (1969), Heft 5

Zusammenfassung

Die Tafeldeckgebirgssedimente werden in Makro- und Mesorhythmen gegliedert. Makrorhythmen umfassen Zeiträume von 35 bis 40 Millionen Jahren. Sie entsprechen im wesentlichen den geologischen Systemen, wobei sie mit einer transgressiven Phase beginnen und mit einer regressiven Phase ausklingen. Danach lassen sich auf der Westeuropäischen Tafel, auf der Moesischen Platte und auf der Skyth—Turan-Platte vier Makrorhythmen aushalten, die durch regionale Diskordanzen voneinander getrennt sind. Es handelt sich dabei um den Permotrias-, den Jura-, den Kreide- und den Tertiär-Makrorhythmus.

Die Mesorhythmen sind Rhythmen niederer Ordnung, die den Abteilungen und Stufen entsprechen. Die Untersuchungen lassen erkennen, daß die Hauptmenge der Kohlenwasserstoffe in vielen Gebieten der Welt an die transgressiven Phasen der Makrorhythmen gebunden ist.

Резюме

Отложения платформенного чехла разделяются на макро- и мезоритмы. Макроритмы охватывают период времени от 35 до 40 миллионов лет. Они в основном соответствуют геологическим системам, причем они начинаются трансгрессивной фазой и заканчиваются регрессивной фазой. Согласно этому, в пределах Западноевропейской платформы, Мизийской плиты и Скифско-Туранской плиты можно выделить четыре макроритма, которые отделяются друг от друга региональными несогласиями. Имеются в виду пермотриасовый, юрский, меловой и третичный макроритмы.

Мезоритмы являются ритмами низшего порядка, которые соответствуют отделам и ярусам. Исследования позволили выявить, что наибольшие количества углеводородов во многих областях мира приурочены к трансгрессивным фазам макроритмов.

Summary

The cover sediments of a platform are classified into macrorhythms and mesorhythms. Macrorhythms comprise periods of 35 to 40 million years and mainly correspond to the geological systems, beginning with a transgressive phase and concluding with a regressive one. As a result, four macrorhythms separated by regional unconformities can be distinguished in the West European platform, in the Moesian plate and in the Scythian—Turanian plate. The macrorhythms in question are those of the Permotriassic, Jurassic, Cretaceous and Tertiary.

Mesorhythms are rhythms of a lower order and correspond to series and stages. The investigations show that in many parts of the world the main amount of carbons is connected with the transgressive phases of the macrorhythms.

Literatur

USPENSKAJA, N. JU.: Nekotorye zakonomernosti neftegazonakoplenija na platformach. — Gostoptechisdat, Moskau 1952.

Ist das Erdöl anorganisch entstanden?[1]

1.

Der Streit über die Entstehung des Erdöls — organisch oder anorganisch — hält schon über 160 Jahre an, seitdem A. HUMBOLDT zum ersten Male die Vermutung ausgesprochen hatte, daß es aus dem Erdinnern kommen könne. Seitdem schwillt periodisch der Streit an, ebbt gewöhnlich wieder ab, um nach mehr oder weniger langer Unterbrechung erneut laut zu werden. Seit Anfang der 50er Jahre schlägt dieser Streit insbesondere in der UdSSR hohe Wogen. Es erscheinen zahllose Aufsätze und nicht wenige Bücher zur Verteidigung der anorganischen Hypothese. Es ist zweifellos ein Verdienst M. K. KALINKOs, in dieser Situation sowohl die geschichtliche Entwicklung beider Hypothesen, die ja etwa gleich alt sind, kurz zu beleuchten und sich gründlich und eingehend (d. h. über den Umfang eines Aufsatzes hinausgehend) mit den Argumenten der „Anorganiker" in der Erdölgeologie zu beschäftigen.

Es ist deshalb verdienstvoll, weil das Verhalten der Erdölgeologen in dieser Frage nicht immer überzeugend ist. Einerseits hält die Mehrheit der Erdölgeologen die organische Entstehung für so offensichtlich, daß nach ihrer Meinung keine Zeit für die Kritik der anorganischen Genesis vergeudet zu werden braucht. Eine andere — kleinere, jedoch wachsende — Gruppe ist bereit, beide Hypothesen als berechtigt anzuerkennen, und macht sich auf diese Weise die Deutung gewisser komplizierter geologischer Situationen leichter. Und schließlich gibt es besonders unter den jüngeren Kollegen Stimmen, wonach die organische Entstehungshypothese „konservativ" sei (vor allem, weil sie seit langem in der Erdölgeologie herrschend ist) und durch eine neue, progressivere (als solche wird die anorganische Hypothese in diesem Falle betrachtet) ersetzt werden müsse.

Offenbar ist keiner dieser skizzierten Grundpositionen ohne Einschränkung zuzustimmen. Denn wenn etwas offensichtlich ist, muß die Irrigkeit anderer Auffassungen zu beweisen sein (und bewiesen werden, um falsche Schlußfolgerungen zu vermeiden). Wenn ich andererseits beide Hypothesen anerkenne, kann ich der Erdölsuche keine eindeutige Orientierung geben. (Als „Anorganiker" müßte ich z. B. in der Nähe von Tiefenbrüchen suchen, als „Organiker" mich dagegen auf Sedimentbecken mit großen Mächtigkeiten der Sedimente orientieren.) Und schließlich ist auch die Vorstellung über die anorganische Hypothese als „neu" und „progressiv" insofern irrig, als sie einerseits sogar älter als die organische ist (lediglich bisher weniger entwickelt und als Hypothese ausgebaut worden ist) und andererseits „neu" und „progressiv" keine Synonyme sind.

M. K. KALINKO ist Anhänger der organischen Entstehung des Erdöls. Aus dieser Position ist sein Buch geschrieben; dabei war er bemüht, sich nicht den gleichen Vorwurf zuzuziehen, den er vielen „Anorganikern" macht, nämlich mit der „Methode der gezielten Auswahl" zu arbeiten (d. h., nur das aus den vorliegenden Fakten zur Kenntnis zu nehmen und zu benutzen, was den eigenen Standpunkt stützen könnte, zahllose andere Fakten jedoch nicht zu beachten, die sich mit diesem Standpunkt nicht vereinigen lassen).

2.

Ein kurzer geschichtlicher Abriß der Entwicklung der anorganischen Hypothese der Erdölgenese ist der Inhalt des ersten Kapitels. Trotz der gerafften Darstellung handelt es sich um einen wohl umfassenden und sicher um einen der übersichtlichsten Überblicke. Er reicht nicht nur vom Griechen STRABON des Altertums bis zum temperamentvollen KUDRJAWZEW u. a. in der UdSSR, sondern vermittelt auch über die jeweils geäußerten Auffassungen das Wesentliche und zusätzlich nicht uninteressante Details (so z. B., daß MENDELEJEW seine Hypothese nicht so sehr auf Grund chemischer Experimente, sondern vielmehr geologischer Fakten entwickelt hat, die er bei Reisen im Bakuer Gebiet und in Pensylvanien beobachtet hatte).

KALINKO legt in diesem Kapitel alle bekannten Standpunkte, die zur Hypothese der anorganischen Entstehung des Erdöls und der Kohlenwasserstoffgase führen, ebenso dar

Eingang des Manuskripts in der Redaktion: 7. 1. 1969.

[1] M. K. KALINKO: „Die anorganische Entstehung des Erdöls im Lichte neuester Fakten (eine kritische Analyse). (Russisch). — Verlag Njedra, Moskau 1968, 315 S. (plus 30 S. Literaturangaben) mit 33 Abbildungen und 49 Tabellen. Ganzleinen, Rubel 1,67.

wie die Argumente, die von den einzelnen Wissenschaftlern zur Begründung ihrer Standpunkte angeführt werden. Da sich diese Argumente — vor allem ihre wichtigsten — fast bei allen Autoren wiederholen, gliedert er sie in drei Gruppen:

a) in positive, d. h. solche Argumente, die sich auf die Existenz von Kohlenwasserstoffen in den Produkten der vulkanischen Tätigkeit, in magmatischen und metamorphosierten Gesteinen sowie in Meteoriten u. a. kosmischen Körpern stützen;

b) in negative, d. h. solche Argumente, die auf Besonderheiten in der Lagerung u. a. von Erdöl zurückgehen und aus der Sicht der organischen Genese nicht erklärt werden können;

c) in allgemeintheoretische Argumente, d. h. Daten und Fakten über die potentielle Möglichkeit der Synthese der Kohlenwasserstoffe und die Wahrscheinlichkeit, daß das Leben aus einem Kohlenwasserstoffgemisch entstanden ist.

In den praktischen Auseinandersetzungen überwiegen gewöhnlich die negativen Elemente, d. h. Hinweise auf die eine oder andere These der organischen Hypothese und ihre noch unzureichende Begründung. KALINKO betrachtet jedoch zunächst systematisch die positiven Argumente und geht erst dann zu den Einwänden gegen die organische Hypothese über.

Die wichtigsten positiven Argumente der Anorganiker sind zweifellos

a) die Existenz von Kohlenwasserstoffen in den Produkten rezenter Vulkane,

b) Erdöl-, Bitumen- und Gasanzeichen in vulkanischen Explosionsröhren,

c) Erdöl-, Gas- und Bitumenanzeichen in magmatischen und metamorphosierten Gesteinen,

d) Kohlenwasserstoffe in kosmischen Körpern,

e) Kohlenwasserstoffe in Schlammvulkanen,

f) die Bindung von Erdöl- und Erdgaslagern an Zonen von Tiefenbrüchen und Gräben.

KALINKO macht die Analyse dieser Argumente zum Inhalt der Kapitel II—VII seines Buches.

3.

Seit A. VON HUMBOLDT ist immer wieder auf die beobachtete Anwesenheit von Kohlenwasserstoffen in den Produkten vulkanischer Tätigkeit hingewiesen worden. Das wurde im Laufe der Zeit zu einem gewichtigen Argument der Anorganiker. Viele der aufgezählten Argumente werden jedoch mit Beispielen aus veralteten Quellen belegt, wobei in der Regel außerdem der geologische Bau des betreffenden vulkanischen Gebiets nicht beachtet wurde. KALINKO zeigt das sehr gut an einem Beispiel:

a) N. A. KUDRJAWZEW (1959) übernimmt als Argument einige Daten aus einer Arbeit von S. A. KOWALEWSKIJ (1940);

b) KOWALEWSKIJ hat sie seinerseits einer Monographie „Der Vulkanismus" von F. WOLFF (1914) entliehen;

c) WOLFF beruft sich wiederum auf A. BRUN (1911);

d) und dieser hat tatsächlich in 15 aus 77 Proben Methan in unterschiedlicher Quantität festgestellt. Diese Analysen wurden von den Vulkanologen jedoch schon bald nach ihrer Veröffentlichung angezweifelt, weil BRUN überhaupt keine Wasserdämpfe festgestellt hatte, obwohl diese Komponente meist überwiegt und großen Einfluß ausübt.

Neuere Arbeiten haben festgestellt, daß Methan in vulkanischen Gasen nur sporadisch auftritt, von Spuren bis zu 80 und mehr Prozent. Dieser Umstand deutet an, daß zwischen beiden kein gesetzmäßiger Zusammenhang besteht. Methan muß von außerhalb — auf Grund spezifischer Verhältnisse — in das System „Vulkan" hineingetragen worden sein. [Das deutet sich auch durch Schwankungen in der Höhe (bis zur Abwesenheit) des Methangehalts bei wiederholten Messungen in bestimmten Zeitintervallen und an der gleichen Meßstelle an.] Das gilt unabhängig von den möglichen Fehlern, die sich bei der Messung bzw. Umrechnung auf luft- und wasserfreie Proben einstellen können. Aus dem sporadischen Antreffen von Methan in den vulkanischen Produkten (einschließlich Fumarolen und Sulfataren) kann gefolgert werden, daß es aus den Gesteinen des Verbreitungsgebietes der Vulkane stammt, die im Profil vertreten sind. Das scheinbar so überaus gewichtige Argument der Anorganiker — die vereinzelte Feststellung von Methan in vulkanischen Produkten oder bei vulkanischer Tätigkeit — verwandelt sich bei einer solchen kritischen Analyse gewöhnlich in sein Gegenteil.

Ähnlich ist es mit dem zweiten Argument: den in letzter Zeit wiederholt beschriebenen Bitumen- und Gasanzeichen in Explosionsröhren der Diamantprovinzen. Der ganze Komplex der vorliegenden Fakten zeugt dafür, daß diese Anzeichen mit den Sedimentgesteinen des Gebiets in genetischer Verbindung stehen, nicht aber mit den Tiefenprozessen, die zur Bildung der Kimberlitröhren geführt haben. Das gilt auch für solche Fälle, in denen die Kohlenwasserstoffkonzentrationen in den Röhren etwas höher als in den betreffenden Sedimenten sind.

Kaum ein Fakt ist so oft und eingehend diskutiert und gedeutet worden wie die Existenz von Erdöl, Erdgas und festen Bitumen in magmatischen (und metamorphosierten) Gesteinen. Insbesondere ist er — ganz besonders Erdöl in magmatischen Gesteinen — eines der gewichtigsten Argumente zur Begründung der anorganischen Herkunft des Erdöls. Das von KALINKO vorgelegte und analysierte Material zeigt, daß

a) einerseits die registrierten Punkte des Auftretens von Erdöl, Erdgas oder Bitumen in magmatischen Gesteinen zahlenmäßig verschwindend klein sind, wenn sie mit den überhaupt untersuchten Punkten in diesen Gesteinen verglichen werden;

b) außerdem ihre Häufigkeit um zwei bis drei Größenordnungen niedriger liegt als registrierte Fundpunkte in Sedimentgesteinen des gleichen Gebietes sowie

c) die ermittelten Gehalte gewöhnlich außerordentlich gering sind, gewöhnlich um ein bis zwei Größenordnungen niedriger als in Sedimentgesteinen des gleichen Profils.

d) Andererseits besteht keine korrelative Beziehung zwischen Erdöl-, Erdgas- bzw. Bitumenführung und magmatischer Gesteinsformation; gesetzmäßige Beziehungen konnten auch nicht zu einzelnen Stadien des Magmatismus festgestellt werden. Aufgestellte Behauptungen hinsichtlich einer gewissen Verbindung mit dem hydrothermalen Stadium werden durch die vorliegenden Fakten ebenfalls nicht gestützt.

e) Gesetzmäßigkeiten sowohl hinsichtlich der Form, in der die Kohlenwasserstoffverbindungen vorliegen, ebenso wie hinsichtlich der Art und Weise ihres Auftretens (in Klüften, Mandeln usw.) sowie der Frische oder des Metamorphismus ihrer Wirtsgesteine ließen sich ebenfalls nicht ermitteln.

f) Schließlich konnten in der Mehrzahl der Fälle hypsometrisch tiefer als die magmatischen Gesteine liegende Sedimente nachgewiesen werden, die Kohlenwasserstoffe in unterschiedlicher Menge führten.

Alle diese Beobachtungen und Fakten stützen kaum oder nicht die Auffassungen hinsichtlich der anorganischen Entstehung des Erdöls. Zusätzlich sind noch kurz die geäußerten theoretischen Anschauungen über die Beziehungen zwischen Kohlenwasserstoffen und magmatischen Gesteinen kurz zu beleuchten.

4.

KALINKO setzt sich mit drei Auffassungen der Anorganiker auseinander, wobei jede einzelne dieser Auffassungen die anderen ausschließt:

a) Die Kohlenwasserstoffe bildeten sich synthetisch unmittelbar in den magmatischen Gesteinen. Angetroffene Spuren auf Klüften und in Hohlräumen sind Reste dieser synthetischen Bildungen (z. B. PETERSILIE 1964).

b) Die zweite Auffassung verbindet die bituminösen Komponenten nur mit den hydrothermalen Lösungen (z. B. BESKROWNIJ 1965).

c) Nach der dritten Auffassung haben die Kohlenwasserstoffe mit dem Magma überhaupt nichts zu tun; sie benutzen lediglich die gleichen Zufuhrkanäle wie das Magma und stammen aus dem Mantel (z. B. KUDRJAWZEW 1962).

Nicht selten beweist der Anhänger einer dieser Auffassungen, daß die anderen beiden wissenschaftlich nicht zu halten sind; nicht selten sind auch bei einzelnen Vertretern dieser Standpunkte wesentliche Veränderungen in den eigenen Standpunkten und Begründungen innerhalb relativ kurzer Zeit festzustellen. Offenbar ist das auf die Schwäche der jeweiligen Begründungen und ihre unzureichende wissenschaftliche (geologische, chemische, thermodynamische u. a.) Untermauerung zurückzuführen. So ist durch die chemische Thermodynamik bewiesen, daß Kohlenwasserstoffe bei Temperaturen über 600 °C und normalem Druck dissoziieren. Folglich konnten sie z. B. in Effusiva oder Tuffe erst nach ihrer Abkühlung eindringen. Da zu diesem Zeitpunkt jedoch die Verbindung des Gesteins mit dem magmatischen Herd abgerissen war, können von dort auch keine Kohlenwasserstoffe mehr zugeführt worden sein. Bei Intrusionen müßte unter entsprechenden hypothetischen Voraussetzungen die Menge der festgestellten Kohlenwasserstoffe in einem bestimmten Verhältnis zur Größe des Intrusivkörpers stehen. Auch das wurde nirgends festgestellt. Ebenso müßte die KW-Führung in jungen Intrusiva spürbarer sein, die Nebengesteine müßten mit ihm in feststellbarer Weise „verschmutzt" sein. All das wurde jedoch tatsächlich nicht beobachtet.

Ähnlich unterschiedliche Auffassungen gibt es bei den Anorganikern auch zu den Kohlenwasserstoffen in metamorphosierten Gesteinen, die seit HUMBOLDTs Zeiten in der Argumentation der Anorganiker keine geringe Rolle spielen. Hinsichtlich der „anorganischen" Interpretation beobachteter Fakten können dabei vier Deutungen unterschieden werden:

a) Erdöl, Erdgas und Bitumen gelangten in die metamorphosierten Gesteine infolge Migration dieser Stoffe aus der Tiefe (auf Tiefenbrüchen);

b) die Kohlenwasserstoffe bildeten sich im Prozeß der Gesteinsmetamorphose;

c) die Kohlenwasserstoffe waren in den Ausgangsgesteinen vorhanden und verwandelten sich infolge der Metamorphose in Graphit;

d) die Kohlenwasserstoffe bildeten sich in den metamorphosierten Gesteinen als Ergebnis abgelaufener elektrochemischer Prozesse dank der Anwesenheit von Graphit und Metallen.

KALINKO gruppiert die vorliegenden Fakten 1. nach den regionalen Lagerungsbedingungen, 2. dem Metamorphosegrad und 3. dem Gesteinsbestand, wobei er sich davon leiten läßt, daß die geäußerten Auffassungen in einer eindeutigen Korrelation der Kohlenwasserstofführung zu diesen Faktoren ihre Stützung finden müßten. Die Analyse ergibt:

a) Die Anzahl der beobachteten Kohlenwasserstofführungen ist sehr unbedeutend, verglichen mit denen in magmatischen und selbstverständlich ganz besonders mit denen in sedimentären Gesteinen.

b) Am häufigsten sind dabei noch Gasspuren.

c) Es besteht keine Beziehung zwischen der Häufigkeit ihrer Verbreitung und Zusammensetzung mit der Struktur und Zusammensetzung der metamorphosierten Gesteine.

d) Sie sind häufiger an den Flanken der Schilde und in den Kernen von Faltensystemen, sie fehlen in kristallinen Massiven.

e) Wo metamorphosierte Gesteine solche Kohlenwasserstoffanzeichen aufweisen, kontaktieren sie meist mit Sedimentgesteinen, die organisches Material enthalten.

f) Allerdings gibt es auch einige seltene Fälle, bei denen das Bitumen in isolierten Hohlräumen der äußerst metamorphosierten Gesteine enthalten ist und diese mit Sedimentgesteinen nicht in Verbindung stehen.

Wenn man von den Untersuchungen D. S. KORSHINSKIJS ausgeht, entwickelt sich der Metamorphismus bei Temperaturen nicht unter 850 °C und Drücken nicht unter 7000 at.[2]) Bei solchen Verhältnissen müßten Kohlenwasserstoffe, selbst wenn sie existiert hätten, unweigerlich dissoziieren. Graphit in solchen Gesteinen zeugt offensichtlich von einer völligen Aufarbeitung des organischen Materials. Eine Abhängigkeit der Kohlenwasserstoffanzeichen vom Metamorphosierungsgrad konnte nur dann beobachtet werden, wenn die Bitumenanzeichen nicht durch in der Nähe liegende Sedimentgesteine bedingt waren.

Auch diese Fakten deuten somit insgesamt nicht die anorganische Entstehung des Erdöls an.

5.

Eine wesentliche Stütze für die Vertreter der anorganischen Erdölentstehung sind Hinweise der Astrophysiker über die Existenz von Kohlenwasserstoffen in den Spektren der Planeten Venus, Jupiter, Neptun, Saturn und in Meteoriten. Die „Erdöl-Meere auf der Venus" (F. HOYLE) haben ihren Weg in die Zeitungen ebenso gefunden wie die beobachtete vulkanische Tätigkeit auf dem Mond mit dem Auswurf von Kohlenstoffgas (was voreilig ebenfalls mit Erdöl in Verbindung gebracht wurde). Neuere Daten, z. B. über die kosmischen Stationen Venus 4 und Mariner 2 erhaltene, bringen für die Venus nur negative Informationen hinsichtlich Kohlenwasserstoffen.

Was dagegen die Existenz von Methan in der Atmosphäre der Planeten Jupiter, Saturn, Uranus und Neptun betrifft, so kann sie für den Jupiter als festgestellt (wenn auch in kleinen Mengen) gelten, für die übrigen ist sie nicht ganz so gut nachgewiesen, kann jedoch auch als gegeben betrachtet werden. Auf diesen Riesen unter den Planeten existiert folglich Methan, wobei davon ausgegangen werden soll, daß dort nie Leben existierte, d. h., daß das Methan auf anorganischem Weg entstanden ist. Kann (und darf) daraus geschlußfolgert werden, daß

a) sich auch alle anderen Kohlenwasserstoffverbindungen dort auf diese Weise bilden können und

b) die gleiche Entstehung der Kohlenwasserstoffe auch für die Planeten vom Typ unserer Erde (also außerdem Merkur, Venus und Mars) wahrscheinlich ist?

KALINKO schlußfolgert aus der Tatsache, daß in der Atmosphäre der Riesen unter den Planeten trotz angestrengter Suche weder C_2H_4 noch C_2H_6 festgestellt werden konnte, daß sich die Polymerisation des Methans als Prozeß nicht vollziehen kann, daher auch nicht die Vielfalt der Kohlenwasserstoffe entstehen kann, die im Erdöl enthalten sind. Die Planeten-Riesen unterscheiden sich ferner hinsichtlich der physiko-chemischen Verhältnisse wesentlich von den Planeten des Erdtyps: 1. In ihrem Bestand überwiegt der Wasserstoff; 2. auf ihnen existieren ungeheure Drücke und außerordentlich niedrige Temperaturen. Die Erde kann folglich nur mit dem Merkur, der Venus und dem Mars verglichen werden — und auf diesen Himmelskörpern wurde mit Sicherheit kein Methan festgestellt. Unterstellt man für diese Planeten (einschließlich des Mondes), daß sich Erdöl aus der Tiefe auf Tiefenbrüchen zur Oberfläche bewegt, müßte entweder in den Brüchen (des Mondes) Teer oder Koks zurückgeblieben sein, der Rest in die Atmosphäre entwichen sein; auf der Venus hätten sich dagegen leichte Kohlenwasserstoffe bilden müssen, die wiederum im unteren Teil der Wolkenschicht hätten kondensieren müssen. Beides wurde nicht beobachtet.

Über den Kohlenstoff und den Bitumenanteil in kohlenstofführenden Chondriten (Meteoriten) gibt es eine umfangreiche Literatur. Die einen sprechen von kosmischen Mikroorganismen, die anderen halten sie für anorganische Mineralbildungen, und schließlich wird sogar die Meinung vertreten, daß diese primär organischen Bildungen nachträglich aus dem Erdboden (bei ihrem Aufenthalt im Boden) in die Meteorite eingewandert seien. Alles in allem ist dieses Problem noch nicht ausreichend untersucht, zumal einzelne Forscher (z. B. HADGSON, BAKER einerseits und KAPLAN u. a. andererseits) hinsichtlich des gleichen Meteorits zu widersprüchlichen Untersuchungsergebnissen kamen.

Gegenwärtig gibt es mindestens fünf — sich gegenseitig ausschließende — Hypothesen und Standpunkte. Offenbar kann — solange diese Frage von den Spezialisten für Meteorite nicht eindeutig entschieden ist — dieses Argument weder für noch gegen die Hypothese der anorganischen Entstehung des Erdöls benutzt werden.

6.

Eine der interessantesten geologischen Probleme ist im Zusammenhang mit dem hier behandelten Thema die Beziehung zwischen der Erdöl-Erdgas-Führung und Tiefen-

[2]) Spezielle Untersuchungen haben ergeben, daß die Paläotemperatur bei der Bildung gewöhnlicher Gneise zwischen 350 und 430 °C liegt; bei anderen Untersuchungen wurden andere Werte (490 bis 560 °C) erhalten. Offensichtlich war die Temperatur des Metamorphismus — abhängig von der konkreten Situation — unterschiedlich.

brüchen. Bekanntlich übt die Tektonik — auch die Bruchtektonik — auf die Lagerungsverhältnisse der Gesteine und damit auf die geologischen Voraussetzungen für die Bildung von Fallen und Lagerstätten der Kohlenwasserstoffe entscheidenden Einfluß aus. Nicht darum geht es. Vielmehr sehen die Anorganiker in den Tiefenbrüchen Migrationswege, auf denen sich Erdöl und Erdgas aus den tieferen Teilen der Erdkruste (oder dem oberen Teil des Mantels) an die Oberfläche bewegen. Die Erdölführung eines Gebietes wird auf diese Weise in genetische Beziehungen zu Tiefenbrüchen gebracht. Es wurde bereits erwähnt, daß die konkrete Entscheidung über die Richtung, in der Erdöl und Erdgas bei einer bestimmten geologischen Situation gesucht werden soll, wesentlich durch den Standpunkt des Geologen bestimmt wird, den er zu der hier aufgeworfenen Frage bezieht.

Bekanntlich haben sich in den letzten 20 Jahren die Auffassungen zur Bruchtektonik etwas modifiziert. Früher war sie in den Augen der Mehrheit unter den Geologen quasi ein Anhängsel der Faltungstektonik, etwas Sekundäres, das die Faltung begleitete und gewöhnlich erst in bereits gefalteten Bereichen wirksam wurde. Gegenwärtig ist die selbständige Rolle der Bruchtektonik anerkannt, wobei sie in bestimmter Situation sogar die Faltung der Gesteinsschichten auslösen kann. Dabei wurde auch erkannt, daß Tiefenbrüche eine relativ große Verbreitung besitzen, auf dem Festland ebenso wie in den Aquatorien. Sie werden durch folgende Haupteigenschaften (N. S. SCHATSKIJ und A. W. PEIWE) charakterisiert:

a) große Erstreckung,

b) bedeutende Tiefe ihrer Anlage,

c) lange Entwicklung mit mehreren Phasen, wobei die Bewegungsrichtung längs des Bruches ihr Vorzeichen verändern kann,

d) Tiefenbrüche trennen Krustenblöcke voneinander, die sich hinsichtlich ihrer Geschichte und dem Regime ihrer Bewegungen wesentlich voneinander unterscheiden.

Von Tiefenbrüchen — im Unterschied zu gewöhnlichen Brüchen — kann mit Sicherheit nur dann gesprochen werden, wenn die drei Hauptkriterien (Erstreckung, Tiefenanlage und lange Entwicklungszeit) zuverlässig nachgewiesen wurden. Daher kann das hier erörterte Problem nur am Beispiel solcher Tiefenbrüche diskutiert werden, deren Charakter (als Tiefenbruch) außerhalb jeden Zweifels steht. Da die Bildung von Lagerstätten neben der hypothetischen Zufuhr aus der Tiefe noch andere geologische Voraussetzungen erfordert, darf nicht die Beziehung Tiefenbruch—Erdöllagerstätte zum Kriterium gemacht werden, sondern Tiefenbruch—Erdöl-Erdgas-Anzeichen.

Die Analyse der nicht anzuzweifelnden Tiefenbrüche zeigt, daß

a) Erdölanzeichen in ihren Zonen relativ selten sind und gewöhnlich

b) nur dort festgestellt wurden, wo die Brüche Struktursenken mit mächtigen, nichtmetamorphosierten Sedimenten durchschnitten.

c) Zugleich konnte an diesen Brüchen keine Beziehung zwischen Kohlenwasserstoffanzeichen und Umfang und Intensität stattgehabter magmatischer Tätigkeit festgestellt werden.

Wenn in den Zonen von Tiefenbrüchen Erdölspuren nur dann festgestellt wurden, falls im abgesunkenen Block eine Erdölführung existierte, und sonst fehlte, erhebt sich natürlich die Frage, wie die Anorganiker der Erdölgenese zu diametral entgegengesetzten Auffassungen kommen konnten. KALINKO sieht die Ursache in einer vorbedachten Auswahl des analysierten Materials, um eine vorgefaßte Meinung zu begründen. Gewiß, ein sehr harter Vorwurf.

Die Ablehnung genetischer Beziehungen zwischen Tiefenbrüchen und Erdölführung bedeutet nicht, daß die Tiefenbrüche keinen Einfluß auf die Verteilung von Erdöl und Erdgas ausüben. Als wesentliches tektonisches Element ist dieser Einfluß in erdölführenden Gebieten vielmehr selbstverständlich. Dabei hängt er von den Beziehungen zwischen Alter der Brüche und der erdölführenden Gesteine, der Bildungszeit der Lager, seinem Einfluß auf die Sedimentation u. a. ab.

Mit dem Hinweis auf die Rolle der Tiefenbrüche verbinden einige Anorganiker unter den Erdölgeologen auch die sog. Schlammvulkane. Ihre Zuordnung zur vulkanischen Tätigkeit reicht historisch weit zurück (bis zu HUMBOLDT). In neuerer Zeit wurden ihre besondere Rolle (allgemeiner — die der verschiedenen Typen der sog. Vulkanoide) und ihre Beziehung zu erdölführenden Gebieten weitgehend geklärt und festgestellt:

a) Wo zweifelsfreie Tiefenbrüche entwickelt sind, fehlen Schlammvulkane,

b) wo Schlammvulkane tätig sind, fehlen einwandfrei bewiesene Tiefenbrüche.

Darüber hinaus wurde eindeutig festgestellt, daß Schlammvulkane zwar mit der Erdöl-Erdgas-Führung sedimentärer Schichten in Zusammenhang stehen, jedoch genetisch nicht mit dem Vulkanismus oder Magmatismus in Verbindung gebracht werden können. Die Existenz von Schlammvulkanen ist eine Folge der genetischen Beziehungen der Kohlenwasserstoffgase zur Sedimenthülle.

KALINKO kommt abschließend zu diesem Teil — der Analyse der „positiven Argumente“ — zu der Schlußfolgerung, daß kein einziger Fakt eindeutig interpretiert und folglich auch nicht als Begründung für die anorganische Entstehung des Erdöls herangezogen werden kann.

7.

KALINKO macht mit Recht darauf aufmerksam, daß die auch von ihm vertretene organische Entstehung des Erdöls in unseren Lagerstätten noch nicht als Theorie bezeichnet werden darf, weil es einige offene, noch nicht geklärte Probleme gibt (wie die primäre Migration des diffus verteilten Erdöls). Andererseits ist er nicht bereit, die Konzeption der anorganischen Entstehung des Erdöls als wissenschaftliche Hypothese anzuerkennen. Er sieht in ihr gegenwärtig nicht mehr als eine Vermutung oder Annahme.

Tatsächlich erwartet man von einer wissenschaftlichen Hypothese, daß sie vorliegenden Fakten aus ihrem Gültigkeitsbereich nicht widerspricht, vielmehr alle diese Fakten besser und umfassender als jede andere Konzeption erklären kann.

Die Anorganiker stützen sich außerdem gewöhnlich nur auf einige vereinzelte Fakten, die nicht selten von anderen Forschern angezweifelt werden, weil sie durch geologische Beobachtungen nicht bestätigt bzw. subjektiv interpretiert werden. Wenn die anorganische Konzeption zu Zeiten MENDELEJEWS noch als Hypothese bezeichnet werden konnte, weil sie nicht im Widerspruch zu den damals vorliegenden geologischen, physikalischen und geochemischen Fakten stand, trifft das gegenwärtig infolge der neuen Erkenntnisse und Fakten nicht mehr zu.

Die Anorganiker verlangen zwar mit Recht, daß jede Theorie in der Lage sein muß — wenn sie richtig ist — jede beobachtete Erscheinung ihres Bereichs zu erklären; kann sie das nicht, muß sie durch eine andere Theorie ersetzt werden. Das trifft für eine Theorie sicher zu. Doch wie ist es mit Hypothesen? Hypothesen sind in der Wissenschaft Erkenntnisstufen ihrer Weiterentwicklung. Sie werden so lange beibehalten, wie es mit ihrer Hilfe möglich ist, eindeutig nachgewiesene Fakten zu erklären. Scheidet diese Möglichkeit aus, wird eine neue Hypothese entwickelt, die alle zu diesem Zeitpunkt vorliegenden Fakten besser erklären kann als die bisherige. Muß die organische Hypothese verworfen werden — wie die Anorganiker fordern —, weil sie noch nicht alle Fakten erklären kann? Nur dann, wenn z. B. mit der anorganischen Konzeption alle vorliegenden Fakten (nicht nur der eine oder andere) besser erklärt werden könnten. Das trifft leider — KALINKO weist das überzeugend nach — für die anorganische Konzeption nicht zu. Deshalb können die Einwände der Anorganiker nur als berechtigte Hinweise auf Lücken bei der Ausarbeitung der organischen Hypothese betrachtet werden, die durch entsprechende Untersuchungen zu schließen sind. Denn Hypothesen werden nicht nur aufgestellt und verworfen. Noch häufiger werden sie durch neue Fakten lediglich präzisiert, modifiziert, ergänzt, weiterentwickelt — jedoch nicht verworfen. Auch die von den Anorganikern aufgedeckten Lücken und Schwächen der organischen Hypothese zur Erdölentstehung werden sich mit Sicherheit in dieser Richtung auswirken. Darin liegt das Positive des gegenwärtig geführten Meinungsstreites. Daraus folgt auch, daß sich durch entsprechende Untersuchungen und die Schließung dieser Kenntnislücken die Hypothese allmählich in eine Theorie verwandelt. Die gegenwärtig in der UdSSR zu beobachtende große publizistische und rhetorische Aktivität der Anorganiker hat jedoch auch eine nega-

Zeitschrift für angewandte Geologie, Bd. 15 (1969), Heft 5

tive Seite: sie kann Verwirrung stiften. Denn bei diesen Auseinandersetzungen geht es nicht um Fragen mit nur wissenschaftlicher bzw. sozusagen „akademischer" Bedeutung. Sie wirken sich auch auf die Praxis aus, auf die Richtung der Sucharbeiten, auf die Art der Forschungsarbeiten usw.

Wir Marxisten erkennen für die Richtigkeit jeder Theorie nur ein Kriterium an — ihre Bestätigung durch die Praxis. Das gilt auch für Hypothesen in unserer geologischen Arbeit. Und hier zeigt sich,

a) daß in der Sowjetunion die Geologen bei ihrer Erdölsuche einerseits ausschließlich von der organischen Entstehung des Erdöls und den sich daraus ergebenden Schlußfolgerungen ausgehen und daß andererseits

b) gerade in den letzten Jahren dabei außerordentlich große Erfolge erzielt wurden (Westsibirien, Mangyschlak u. a.).

Die Praxis spricht somit — in der UdSSR und auch in der übrigen Welt — gegen die Anorganiker. Und es kann mit KALINKO durchaus die Frage gestellt werden, ob die Wissenschaftler (die Anhänger der anorganischen Entstehung des Erdöls sind) sich gegenwärtig nicht mit einem Problem beschäftigen, das zwar ehedem nützlich für die Entwicklung der Erdölwissenschaft (ihrer organischen Richtung) war, gegenwärtig jedoch so gut wie gegenstandslos geworden ist, nur noch als „eingebildetes" Problem existiert und in eine Reihe mit dem perpetuum mobile und der Quadratur des Kreises gestellt werden kann. Wird diese Frage positiv beantwortet, kann sich der betreffende Wissenschaftler nach einer treffenden Bemerkung des bekannten Physikers L. LANDAU in der Lage eines Jagdhundes wiederfinden, der unter einem leeren Baum steht und bellt.

F. STAMMBERGER

Zur Berechnung prognostischer Erdölvorräte

Volumenstatistische Methode auf der Basis von Gesetzmäßigkeiten der Verteilung lokaler Aufwölbungen des Gebiets Perm

I. S. GUTMAN & G. W. BUSYGIN, UdSSR

Die volumen-statistische Methode der Einschätzung prognostischer Vorräte von Erdöl und Erdgas ist eingehend in der Arbeit von SHDANOW u. a. (1966) beschrieben worden. In Abhängigkeit von den vorliegenden exakten Angaben über das Vergleichs- und das prognostische Territorium sind verschiedene Varianten ihrer Anwendung möglich.

Die hier behandelte Variante kann angewendet werden, wenn:

a) das prognostische Territorium dem Vergleichsterritorium benachbart ist und beide einer zusammenhängenden geologischen Provinz angehören;

b) auf dem Vergleichsterritorium die Strukturen des oberen Basishorizonts sowie der produktiven Serie gut untersucht sind und die Gesetzmäßigkeit der Verteilung lokaler Aufwölbungen über deren Fläche hin festgestellt wurde;

c) auf dem prognostischen Territorium nach den Ergebnissen der ersten Bohrungen und nach regionalen Untersuchungen eine Karte der Mächtigkeitsveränderungen jeder produktiven Serie angefertigt und die Gesamtmächtigkeit der in ihnen enthaltenen Erdölspeicher konstruiert werden kann.

Die Anwendung des Schemas zur Bestimmung der Anzahl neuer Strukturen im prognostischen Territorium und zur Berechnung prognostischer Erdölvorräte basiert auf der Erkenntnis von Gesetzmäßigkeiten bei der Verteilung lokaler Aufwölbungen in den Basishorizonten nach ihrer flächenmäßigen Abmessung. Durch eine spezielle Analyse wurde festgestellt, daß die Verteilung der lokalen Aufwölbungen innerhalb großer tektonischer Einheiten der logarithmischen Normalverteilung entspricht, deren Hauptcharakteristika der mittlere $\overline{X}$-Wert (die mittlere Abmessung der Aufwölbungen f_{mittel}) und die mittlere quadratische Abweichung σ darstellen (GUTMAN 1967).

Im Ergebnis einer Untersuchung der Verteilung lokaler Aufwölbungen nach ihrer flächenmäßigen Abmessung wurde festgestellt, daß die Dichte des Netzes von Strukturbohrungen, mit denen diese Aufwölbungen ermittelt werden, in einem gewissen Verhältnis zu den Abmessungen der festgestellten Aufwölbungen steht. Je dichter das Bohrlochnetz ist, um so größer ist die Anzahl kleiner Aufwölbungen, die ermittelt werden. Durch ein weitmaschigeres Netz werden diese kleinen Aufwölbungen nicht erfaßt. Daraus resultiert, daß bei der Einschätzung prognostischer Erdölvorräte diejenigen Aufwölbungen berücksichtigt werden müssen, die durch ein optimales Netz von Strukturbohrungen festgestellt werden. Darunter wird ein Netz verstanden, das nur ein Minimum kleiner Aufwölbungen ermitteln darf, die keine Erdöllager in den produktiven Horizonten des Profils enthalten. Gleichzeitig aber dürfen mit diesem Netz keine Aufwölbungen ausgelassen werden, an die Erdöllager in diesen Horizonten geknüpft sind. Die Abmessung des optimalen Netzes muß für jedes Gebiet durch Spezialuntersuchungen, bei denen der ökonomischen Analyse eine bedeutende Rolle zukommt, bestimmt werden.

Um für das prognostische Territorium die Anzahl der Strukturen zu ermitteln, ist es erforderlich, die Abmessungen des optimalen Netzes und den mittleren Wert der Dichte der Aufwölbungen (GUTMAN 1963) zu kennen. Sie werden in einem Vergleichsterritorium bestimmt, das dem geologischen Bau des prognostischen ähnlich ist. Aus Abb. 1, in der die Abhängigkeit der mittleren Abmessungen der im Vergleichsterritorium festgestellten Aufwölbungen von der Dichte des Strukturbohrungsnetzes dargestellt ist, kann die mittlere Abmessung der Aufwölbungen im prognostischen Territorium bestimmt werden. Diese Darstellung ist das Ergebnis einer Analyse dieser Abhängigkeit auf der Grundlage der Materialien aus verschiedenen Regionen des Gebiets Perm. Sie sind durch die Ausbildung eines annähernd regelmäßigen Netzes von Strukturbohrungen unterschiedlicher Dichte charakterisiert. In diesen Gebieten richtet sich die mittlere Abmessung der festgestellten Aufwölbungen nach dem Gesetz der Verteilung. Aus der Darstellung der Abhängigkeit der mittleren quadratischen Abweichungen von den mittleren Abmessungen der festgestellten Aufwölbungen

Aus: „Geologija nefti i gasa", 1967, H. 11, S. 42–45.
Übers.: W. TOBIAS, Berlin.
Die Redaktion stellt diesen Beitrag hiermit zur Diskussion.

(Abb. 2) und aus den in Abb. 1 ermittelten mittleren Abmessungen der Aufwölbung wird die entsprechende mittlere quadratische Abweichung bestimmt.

Unter Zuhilfenahme der gewonnenen Hauptcharakteristika der Verteilung (mittlere Abmessung der Aufwölbung und mittlere quadratische Abweichung) wird die Wahrscheinlichkeit P des Auftretens von Aufwölbungen in den Größenordnungen von 1 bis 2 km², 2 bis 4 km², 4 bis 8 km² usw. bestimmt.

Den Wahrscheinlichkeitswert P bestimmt man nach der Formel

$$P_i = \frac{1}{2}\left[\hat{\Phi}\left(\frac{X_{i+1} - \overline{X}}{\varrho\sqrt{2\sigma}}\right) - \Phi\left(\frac{X_i - \overline{X}}{\varrho\sqrt{2} - \sigma}\right)\right] \qquad (1)$$

Dabei sind:

$\Phi(X)$ — $\Phi(\varrho X)$ = Reduktion der Funktion von LAPLACE;
ϱ — Argument der Funktion von LAPLACE, bei dem diese = 1/2 wird; das Produkt $\varrho\sqrt{2}$ angenähert = 0,675;
X_i und $X_{(i+1)}$ — Grenzen der i-ten Größenordnung;
$\overline{X}$ — Abmessung der mittleren Aufwölbungen.

Den Wert der reduzierten Funktion $\hat{\Phi}(X)$ bestimmt man aus speziellen Tabellen (WENTZEL 1962). Die Anzahl der vermuteten Aufwölbungen im prognostischen Territorium kann man nach der Formel erhalten:

$$N = \frac{F_{pr} n}{\sum_{1}^{i} [P_i f^0_{i\,\text{mittel}}]}$$

Dabei sind:

F_{pr} — Fläche des prognostischen Territoriums (in km²);
n — Dichte der Aufwölbungen;
P_i — Wahrscheinlichkeit des Auftretens von Aufwölbungen der i-ten Größenordnung;
$f_{i\,\text{mittel}}$ — mittlere Abmessung der i-ten Größenordnung (in km²).

Die Fläche des prognostischen Territoriums wird durch Planimetrieren festgestellt. Der Wert für die Dichte der Aufwölbungen wird vom Vergleichsgebiet ohne jede Veränderungen auf das prognostische Territorium übertragen, weil er nicht von der Dichte des Netzes der Strukturbohrungen abhängt. Dann entspricht das Produkt $F_{pr}n$ der Fläche, die von lokalen Aufwölbungen im prognostischen Territorium eingenommen wird. Diese Fläche ihrerseits entspricht dem Produkt aus der ermittelten Anzahl von Aufwölbungen im prognostischen Territorium N und der Summe der Produkte aus den mittleren Werten $f^0_{i\,\text{mittel}}$ und den Wahrscheinlichkeiten für das Auftreten von Aufwölbungen der einzelnen Größenordnung P_i. Von diesen Faktoren ist nur die Anzahl der Strukturen unbekannt, die nach der obengenannten Formel ebenfalls gefunden wird. Nach der Bestimmung der Zahl von Aufwölbungen im prognostischen Territorium kann man quantitativ die Strukturen in jeder Größenordnung berechnen. Hierfür ist es ausreichend, die Gesamtzahl der Aufwölbungen N mit der Wahrscheinlichkeit ihres Auftretens in jeder Größenordnung P_i zu multiplizieren. Das Produkt $NP_if^0_{i\,\text{mittel}}$ stellt für jede Größenordnung die vermutete Fläche des prognostischen Territoriums dar, die von Strukturen eingenommen wird, deren Abmessungen der gegebenen Größenordnung entsprechen.

Wenn die Produkte dieser drei Werte nachfolgend mit dem Koeffizienten des Korrespondenzgrades r_i, der Mächtigkeit des Speichers h, dem Sättigungskoeffizienten der Speicherschicht im Bereich der Falle $q_{i\,\text{mittel}}$ und mit dem Koeffizienten der Veränderung der Porosität n multipliziert wird, so wird das Produkt der genannten Multiplikatoren gleich den prognostischen Erdölvorräten in den Strukturen sein, die der betreffenden Größenordnung entsprechen:

$$Q_{ipr} = NP_if^0_{i\,\text{mittel}}\, r_i h q_{i\,\text{mittel}}\, m'_i$$

Die prognostischen Erdölvorräte in der produktiven Serie des gesamten Territoriums sind gleich der Summe der prognostischen Vorräte, die für die Aufwölbungen aller Größenordnungen ermittelt wurden:

$$Q_{pr} = \sum Q_{ipr}$$

Bei der Berechnung der prognostischen Vorräte nach dieser Formel muß man berücksichtigen, daß die Werte der Koeffizienten r_i, $q_{i\,\text{mittel}}$ und m'_i sowie die Werte der Speichermächtigkeit im Vergleichsterritorium für Aufwölbungen bestimmt werden, die ihrer Abmessung nach jeder Größenordnung entsprechen und analog auf das prognostische Territorium übertragen werden. Solche Berechnungen sind für jede produktive Serie durchzuführen.

Um die Effektivität einer solchen Bestimmung der Anzahl von Strukturen nach der vorgeschlagenen Methodik zu überprüfen, wurde die Baschkirische Antiklinale ausgewählt. Sie ist durch ein annähernd regelmäßiges Netz von Strukturbohrungen abgebohrt. Ein Teil der Antiklinale liegt auf dem Territorium des Gebietes Perm, ein anderer auf dem der Baschkirischen ASSR. Bis Juli 1966 wurden auf der Baschkirischen Anti-

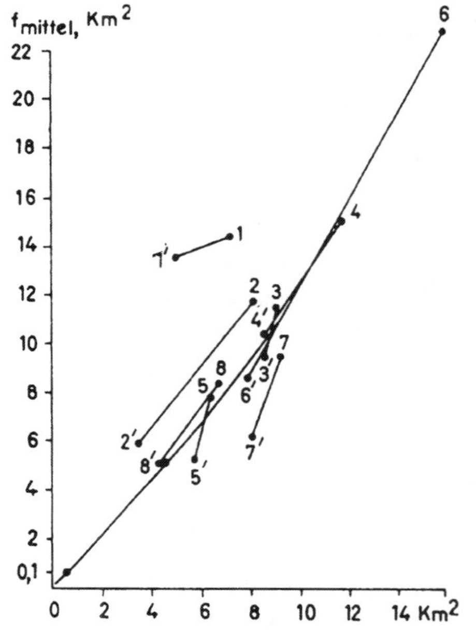

Abb. 1. Abhängigkeit der mittleren entdeckten Aufwölbungen von der Netzdichte der Strukturbohrungen

Auf der Abszissenachse = Fläche, die auf eine Strukturbohrung entfällt; auf der Ordinatenachse = mittlere Abmessung der entdeckten Strukturen

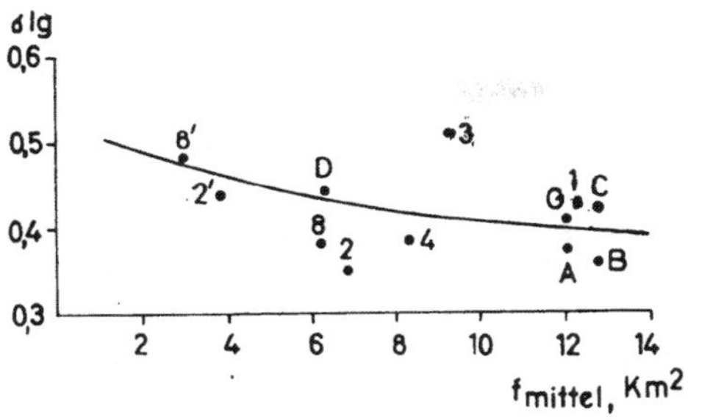

Abb. 2. Abhängigkeit des Wertes der mittleren quadratische Abweichung σ von der Lage des Verteilungszentrums $\overline{X}$ (Größe der mittleren Aufwölbung f_{mittel})

klinale 161 Aufwölbungen festgestellt. Die mittlere Dichte des Netzes der Strukturbohrungen betrug dabei 5,8 km² pro Bohrung. Die Fläche der Antiklinale beträgt 14527 km².

Als Vergleichsgebiet wurde der abgebohrte Teil der Permischen Antiklinale gewählt, dessen Territorium 9250 km² beträgt. Auf ihr wurden 62 Aufwölbungen entdeckt, deren Gesamtfläche 1262 km² beträgt. Hieraus ergibt sich die Dichte der Aufwölbungen auf der Permischen Antiklinale zu 1262:9250 = 0,137 oder 13,7%.

Wir nehmen nun an, daß die Baschkirische Antiklinale überhaupt nicht abgebohrt ist. Oben wurde ausgeführt, daß zur Berechnung der Anzahl der vermuteten Strukturen im prognostischen Territorium die Abmessungen des optimalen Netzes vorzugeben sind, weil sich in Abhängigkeit davon die mittlere Abmessung der aufgefundenen Aufwölbungen verändern wird.

Im vorliegenden konkreten Beispiel geben wir anstelle der Abmessungen des optimalen Netzes die Abmessung des Netzes, mit dem auf der Baschkirischen Antiklinale 161 Aufwölbungen entdeckt wurden. Auf ein Bohrloch entfallen hier 5,8 km². In Analogie zur Permischen Antiklinale wird die Dichte der Aufwölbungen auf der Baschkirischen Antiklinale mit 13,7% angenommen. Dann ist die angenommene Fläche, die auf der Baschkirischen Antiklinale von Aufwölbungen eingenommen wird:

$$\sum f_{\text{Aufwölbungen}} = 14527 \times 0{,}137 = 1980 \text{ km}^2$$

Diese Fläche ist gleich dem Produkt aus der Wahrscheinlichkeit des Auftretens von Aufwölbungen in jeder Größenordnung P_i und der mittleren Abmessung der Aufwölbungen $f^0_{i\,\text{mittel}}$ sowie der Anzahl der Aufwölbungen N, die zu bestimmen ist. Die Wahrscheinlichkeit des Auftretens von Strukturen in jeder Größenordnung wird nach der Tab. der reduzierten LAPLACE-Funktionen bestimmt (WENTZEL 1962).

Zur Bestimmung der Wahrscheinlichkeit des Auftretens von Aufwölbungen in jeder Größenordnung ist erforderlich, die Abmessungen der mittleren Aufwölbung und die mittlere quadratische Abweichung zu kennen. Die Abmessung der mittleren Aufwölbung wird mit Hilfe der Kurve in Abb. 1 bestimmt. Bei einer Netzdichte von 5,8 km² pro Bohrung ist die mittlere Abmessung der Aufwölbung = 6,35 km² oder logarithmisch 0,803. Für den Wert der mittleren Aufwölbung von 6,35 km² wird nach der Kurve in Abb. 2 der Wert der mittleren quadratischen Abweichung mit 0,46 bestimmt.

Nach diesen Angaben wurde mit Hilfe der Tabelle der reduzierten LAPLACE-Funktion die Wahrscheinlichkeit des Auftretens von Aufwölbungen der einzelnen Größenordnung bestimmt.

Die nächste Etappe der Berechnung ist die Ermittlung der Produkte aus der Wahrscheinlichkeit des Auftretens von Aufwölbungen in jeder Größenordnung und der mittleren Abmessung der Größenordnung. Die Berechnung der Summe dieser Produkte wird in der Tabelle dargestellt. Danach ist die Summe der Produkte $\sum P_i f^0_{i\,\text{mittel}} = 11{,}23$.

Hieraus ergibt sich die Anzahl der Aufwölbungen:

$$N = \frac{1980 \text{ km}^2}{11{,}23 \text{ km}^2} = 176$$

Zur Berechnung der Anzahl der Strukturen nach Größenordnungen ist es erforderlich, die ermittelte Gesamtzahl der Aufwölbungen N mit der Wahrscheinlichkeit des Auftretens in jeder Größenordnung P_i zu multiplizieren. In der Tabelle werden die Ergebnisse der Bestimmung der Strukturanzahl in jeder Größenordnung dargestellt. Die größten Abweichungen zwischen den berechneten Werten und den Tatsachen wurden in den Größenordnungen 0,5 bis 1 km², 1 bis 2 km² und 2 bis 4 km² erzielt. Diese Größenordnungen, in denen die

Tabelle

Größenordnungen in Logarithmen / in natürlichen Werten	Mittel der Größenordnung in Logarithmen / in natürlichen Werten	Wahrscheinlichkeit des Auftretens von Aufwölbungen in der Größenordnung P_i	$P_i f^0_{i\,\text{mittel}}$, km²	Anzahl der Aufwölbungen in jeder Größenordnung $P_i N$	tatsächlich entdeckte Aufwölbungen	Differenzen zwischen den berechneten und den tatsächlichen Strukturen
−0,301−0 / 0,5−1	0,150 / 0,71	0,0327	0,02	5,8	–	+5,8
0−0,301 / 1−2	0,150 / 1,41	0,0969	0,14	17,1	12	+5,1
0,301−0,602 / 2−4	0,451 / 2,80	0,1958	0,55	34,5	26	+8,5
0,602−0,903 / 4−8	0,752 / 5,65	0,2524	1,43	44,4	45	−0,6
0,903−1,205 / 8−16	1,053 / 11,30	0,2224	2,51	39,2	39	+0,2
1,204−1,505 / 16−32	1,354 / 22,60	0,1293	2,92	22,7	21	+1,7
1,505−1,806 / 32−64	1,650 / 45,25	0,0484	3,18	8,5	14	−5,5
1,806−2,107 / 64−128	1,956 / 90,40	0,0122	1,10	2,2	3	−0,8
2,107−2,408 / 128−256	2,257 / 180,80	0,0021	0,38	0,4	1	−0,6
gesamt		0,9922	11,23	174,8	161	

Aufwölbungen Abmessungen von weniger als 4 km² haben, besitzen vom Standpunkt der Erdöl- und Erdgasführung kein erhebliches Interesse, was durch geologische Erkundungsarbeiten im Gebiet Perm festgestellt wurde.

Insgesamt ergeben sich nach der Berechnung 176 Aufwölbungen. Davon wurden in den Größenordnungen von 1 bis 2 km² und darüber 169 Aufwölbungen entdeckt. Infolgedessen beträgt die Differenz zwischen der berechneten Anzahl und den tatsächlich festgestellten Strukturen 8, d. h. 5%.

Zum Vergleich der Effektivität der hier vorgeschlagenen Variante der volumen-statistischen Methode mit der Methode der Einschätzung prognostischer Vorräte nach der gemittelten Struktur führen wir die Berechnung der angenommenen Anzahl von Strukturen nach der zweiten Methode durch. Dabei entfällt bei einer Fläche der Permischen Antiklinale von 9250 km² und der Anzahl der auf ihr entdeckten Strukturen von 62 auf die einzelne Struktur eine Fläche von

$$S = \frac{9250\ \text{km}^2}{62} = 149\ \text{km}^2$$

Wenn man annimmt, daß auf der Baschkirischen Antiklinale pro Struktur im Mittel die gleiche Fläche entfällt (das ist die Grundbedingung bei der Einschätzung prognostischer Erdölvorräte nach der gemittelten Struktur), ergibt die Anzahl der Aufwölbungen auf der Baschkirischen Antiklinale

$$N = \frac{14\,527\ \text{km}^2}{149\ \text{km}^2} \approx 98$$

Die Differenz zwischen den tatsächlich entdeckten Aufwölbungen und den nach der gemittelten Struktur berechneten beträgt 63 oder 39%, gegenüber 5% nach der volumen-statistischen Methode. Solch beredte Zahlen erfordern keine Kommentare.

Es ist zu bemerken, daß die vorgeschlagene Variante der volumen-statistischen Methode zur Einschätzung prognostischer Vorräte von Erdöl und Erdgas sowohl für gesamte große tektonische Einheiten im ganzen als auch für beliebige einzelne Teilgebiete angewandt werden kann. Analoge Untersuchungen können über lokalen Aufwölbungen durchgeführt werden, die nicht nur durch Bohrungen, sondern auch nach seismischen Angaben ermittelt wurden.

Literatur

GUTMAN, I. S.: Zur Frage der Gesetzmäßigkeiten in der Verteilung lokaler Aufwölbungen nach ihrer flächenmäßigen Abmessung im Bereich großer tektonischer Einheiten des nordöstlichen Teils der russischen Plattform. – Neftegasowaja geologija i geofisika, Nr. 11, WNIIOENG (1967).

GUTMAN, I. S., W. A. DOLIZKIJ & M. A. SHDANOW: Verteilung lokaler Aufwölbungen im Bereich des nordöstlichen Teils der russischen Plattform. – Neftegasowaja geologija i geofisika. ZNIITENeftegas, Nr. 2 (1963).

SHDANOW, M. A., I. S. GUTMAN & W. A. DOLIZKIJ: Volumen-statistische Methoden der Einschätzung prognostischer Vorräte an Erdöl und Erdgas. – Handbuch für erdöl-, erdgasgewinnende Betriebe Westsibiriens, ZNIITENeftegas, Nr. 2 (1966).

WENTZEL, E. S.: Wahrscheinlichkeitstheorie. – Fismatgis (1962).

Zur Abhängigkeit der Schwefelisotopenverteilung sedimentärer Schwefelverbindungen vom stratigraphischen Alter

PETER KRÜGER, Berlin

(Mitteilung aus dem Zentralen Geologischen Institut, Berlin)

Nach erstmaliger Ausführung von S-Isotopenanalysen natürlicher Schwefelverbindungen durch TROFIMOW (1949) und THODE (1949) ergaben sich mit der Untersuchung sedimentärer Sulfide und Sulfate Fragen einer Änderung der S-Isotopenzusammensetzung dieser Verbindungen im Verlaufe der geologischen Entwicklung. Die Diskussionen hierüber dauern bis in die jüngste Zeit an. Die Durchsicht der Literatur zeigt jedoch, daß die Meinungen über diese Frage weit auseinander gehen. Es soll der Versuch unternommen werden, durch eine Analyse des bekannten Materials eine eindeutige Lösung zu finden. Dabei kann man H. SCHULZ (1965) zustimmen, wenn er feststellt:

„Das richtige Erkennen der zeitlichen Wirksamkeit der in der geologischen Geschichte herrschenden Bedingungen, ihre historische Veränderung und die ihnen unterworfenen Gesetze sowie ihre gegenseitigen Kausalbeziehungen sind von nicht zu unterschätzender Bedeutung für ein erfolgreiches Arbeiten in der Geochemie. Es wird notwendig, sich von der engen, begrenzten Form des Aktualismus in der Geologie zu lösen, die im Verlaufe der Erdgeschichte erfolgten Veränderungen der Bedingungen genau zu erkennen und mehr als bisher bei den praktischen Arbeiten zu beachten."

Im Jahre 1953 veröffentlichten THODE, MACNAMARA & FLEMING Ergebnisse von S-Isotopenanalysen von sedimentären Sulfiden und Sulfaten. Anhand von 17 Isotopenwerten von Sulfiden und sieben an Sulfaten gemessenen Isotopenwerten konstruierten sie zwei gegenläufige Kurven (Abb. 1). Aus diesen Kurven schien klar ersichtlich zu sein: Mißt man die Verteilung der S-Isotope in koexistenten Sulfiden und Sulfaten, so zeigt sich eine Fraktionierung in isotopisch leichtes $^{32}S^{2-}$ und isotopisch schweres $^{34}SO_4^{2-}$. Die Ursache dieser Fraktionierung ist auf die Lebenstätigkeit sulfatreduzierender Bakterien zurückzuführen. Wenn also die beiden Kurven erst ab Devon divergieren, so war demzufolge

Eingang des Manuskripts in der Redaktion: 5. 2. 1969.

Zeitschrift für angewandte Geologie, Bd. 15 (1969), Heft 5

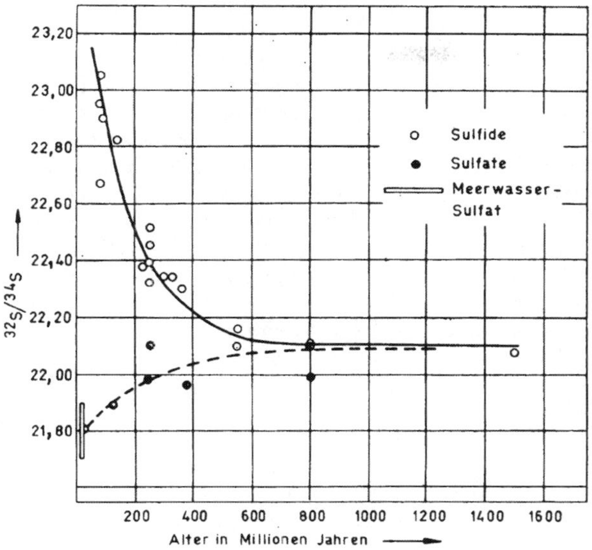

Abb. 1. Die vermeintliche Abhängigkeit der S-Isotopenzusammensetzung sedimentärer Sulfide und Sulfate vom geologischen Alter, nach THODE, MACNAMARA & FLEMING (1953)

vorher (also vor ca. 800 Mill. Jahren) noch keine S-Isotopenfraktionierung erfolgt, ergo konnte es noch keine desulfurizierenden Bakterien geben.

Infolge ihrer Anschaulichkeit beherrschen sowohl diese Darstellung als auch die Ausdeutung der Ergebnisse heute noch wesentlich das Feld der Isotopengeologie (darüber hinaus siehe SCHULZ 1965), obwohl beides schon mehrfach widerlegt werden konnte.

Als erste übten WINOGRADOW und Mitarbeiter (1956) Kritik an der geringen Probenanzahl und den hieraus abgeleiteten Schlüssen. Anhand von 47 nach stratigraphischen Gesichtspunkten entnommenen Pyrit- und Sulfatproben konnten sie nachweisen, daß keine Altersabhängigkeit im Sinne von THODE, MACNAMARA & FLEMING besteht. Diese Argumente wurden von verschiedenen Autoren aufgenommen. GOLDBERG (1961); POLANSKI (1961), AULT & KULP (1959) zeigten, daß die ersten Fraktionierungserscheinungen zwischen Sulfid und Sulfat schon im Unterproterozoikum (also vor ca. 2—2,5 Milliarden Jahren) auftraten. Trotz dieser Erkenntnis leiten sie aus den analysierten 38 Evaporitwerten eine Abnahme der bakteriellen Tätigkeit um ein Drittel vom Silur zum Eozän ab. Andere Autoren, z. B. ANGER & BORCHERT (1962), WETZEL u. a. (1963) korrigierten die „Altersabhängigkeit der S-Isotopenfraktionierung", wie sie von THODE u. a. (1953) dargestellt wurde, nicht.

Heute kann als gesichert gelten, daß es eine solche einfache Abhängigkeit der Isotopenverteilung und der Fraktionierung vom stratigraphischen Alter der Proben, wie sie von THODE u. a. (1953) beschrieben wurde, nicht gibt. Nach unseren heutigen Erkenntnissen verbieten sich solche globalen Aussagen wie diese schon allein durch die geringe Probenanzahl, wobei oft noch Entwicklungsetappen von mehreren Millionen Jahren nur durch eine Probe belegt sind. Der auf diese Etappen bezogene Informationsgehalt einer solchen Probe ist viel zu gering.

Die Ergebnisse der S-Isotopenanalyse an 136 sedimentären, stratigraphisch und faziell definierten Pyriten (KRÜGER 1966) bestätigten diese Feststellung (Abb. 2).

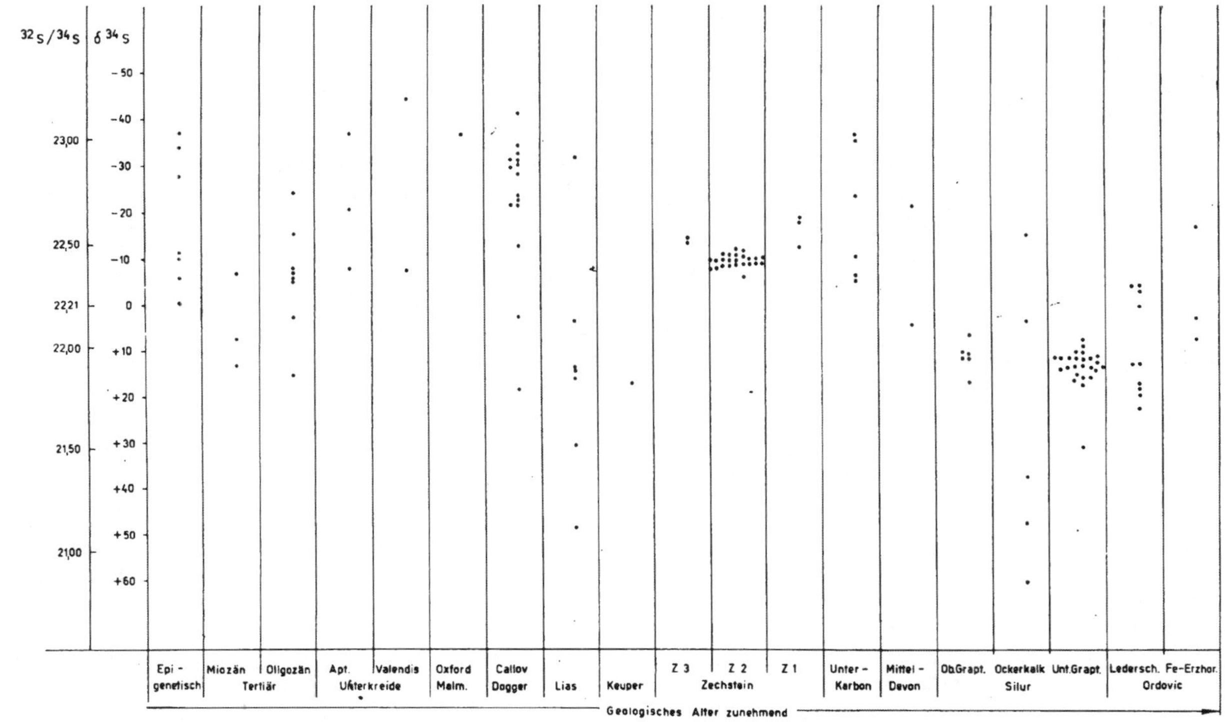

Abb. 2. Die Beziehungen zwischen der S-Isotopenzusammensetzung sedimentärer Pyrite (136 eigene Meßwerte) und dem geologischen Alter

Die durchgeführten Untersuchungen ergaben, daß der geochemischen Fazies, d. h. den physikochemischen Bedingungen des Bildungsraumes sedimentärer Sulfide, eine viel größere Beachtung als bisher geschenkt werden muß. Da die bakterielle Sulfatreduktion ein Eh-pH-gesteuerter Vorgang ist, der produzierte Schwefelwasserstoff und seine S-Isotopenzusammensetzung demnach außer von der Konzentration ebenfalls von Eh und pH des sedimentären Bildungsraumes abhängen, kann aus den Analysenwerten ohne Berücksichtigung der Fazies keine echte Abhängigkeit vom stratigraphischen Alter abgeleitet werden.

Gibt es demzufolge überhaupt keine Altersabhängigkeit der S-Isotopenwerte sedimentärer Schwefelverbindungen vom stratigraphischen Alter? Oder anders gefragt: Gibt es keine historische Abhängigkeit dieser Werte, keine Abhängigkeit von der geologischen Entwicklung?

Es gibt sie! Am klarsten sind diese Abhängigkeiten bei den Sulfatevaporiten zu erkennen. Von der Entwicklung der S-Isotopenzusammensetzung eines abgeschlossenen Meeresbeckens und der durch Eindampfung hieraus resultierenden Evaporite berichteten bereits HARRISON & THODE (1958), ohne jedoch die ganze Vielfältigkeit des Problems zu erkennen.

THODE & MONSTER (1964) verfolgten anhand der Meßwerte von über 450 Sulfatevaporiten die Entwicklung der S-Isotopenverhältnisse in den alten Ozeanen und Meeresbecken, in denen es zur Evaporitbildung kam. Die Mittelwerte ergaben, verglichen mit dem δ^{34}S-Wert des heutigen Meereswassers, einen recht auffälligen Kurvenverlauf. In jüngster Zeit veröffentlichte NIELSEN (1966) eine ausgezeichnete Zusammenstellung der Aussageproblematik und der bisher bekannten δ^{34}S-Werte sedimentärer Sulfate. Beide Arbeiten bemühen sich um eine reale Klärung der Frage nach der Entwicklung der S-Isotopenverteilung. NIELSEN (1966) erarbeitete aus den bisher vorliegenden Angaben und eigenen unveröffentlichten Meßwerten einen ausgezeichneten Überblick über die Veränderung der S-Isotopenzusammensetzung von Evaporiten zusammen mit dem Ziel, Aussagen über die Bilanz des Schwefelkreislaufs zu erhalten:

„Je klarer wir den Zusammenhang zwischen geologischem Geschehen und Entwicklung des Meerwasser-δ^{34}S-Wertes überblicken, um so sicherer können wir auch aus den Meßwerten Hinweise auf den gesamten Stoffhaushalt dieser Vorgänge herleiten."

Er konnte zeigen, daß sich der δ^{34}S-Wert der Weltmeere in der geologischen Vergangenheit mehrmals beträchtlich geändert hat: hohe δ-Werte im Kambrium (um +35 bis +25), bis etwa Silur (+25 bis +20), danach Rückgang auf den Minimalwert +11‰ im Perm und dann ein erneuter Anstieg bis zum heutigen Wert +20‰ (Abb. 3).

NIELSEN leitet diesen Vorgang aus dem geologischen Großgeschehen ab. Die Etappe der „Schwarzschieferformationen" mit ihrer großen Anhäufung toniger Sedimente mit biogenen Sulfiden habe zur Einstellung hoher δ^{34}S-Werte im Meerwasser geführt. Der Abfall auf +11‰ fällt zusammen mit dem Ende der variszischen Orogenese, durch die nach NIELSEN ein erheblicher Anteil der Sedimente aufgearbeitet und ihr leichter Schwefel zurück ins Meer transportiert worden ist. Der erneute Anstieg der δ-Werte kann zwanglos mit der Anhäufung toniger Sedimente im Mesozoikum erklärt werden. NIELSEN betont, daß für eine merkliche Änderung des Meerwasser-δ^{34}S-Wertes etwa 5—10 Mill. Jahre benötigt werden. Innerhalb einer geologischen Periode kann die S-Isotopenzusammensetzung näherungsweise als konstant angesehen werden. Geologische Ereignisse können danach nur dann einen Einfluß auf den Meerwasser-δ-Wert haben, wenn sie mindestens über die Dauer einer Periode hinweg in gleichem Sinne wirken. Die maximale δ^{34}S-Änderungsrate der Weltmeere wird auf Grund von Modellvorstellungen mit 0,3‰/10^6a angegeben. Es zeigt sich, daß in die Berechnungen Evaporite aus limnischen Becken oder aus Becken mit Süßwassereinfluß nicht aufgenommen werden dürfen, weil die Werte durch die Zufuhr von „leichtem" Schwefel mit dem Flußwasser verfälscht werden.

Die Feststellungen von NIELSEN (1966) haben eine große Bedeutung für die Diskussion der S-Isotopenwerte sedimentogener Pyrite, da diese überwiegend durch die bakterielle Reduktion eben jenes in den Weltmeeren gespeicherten Sulfatanteils entstehen, aus dem auch die Sulfatevaporite gebildet werden. Die Diskussion der Pyritwerte sollte eigentlich nur unter der Voraussetzung geführt werden, daß die Sulfatwerte hinreichend genau bestimmt wurden oder bekannt sind (KRÜGER 1966, RÖSLER u. a. 1968).

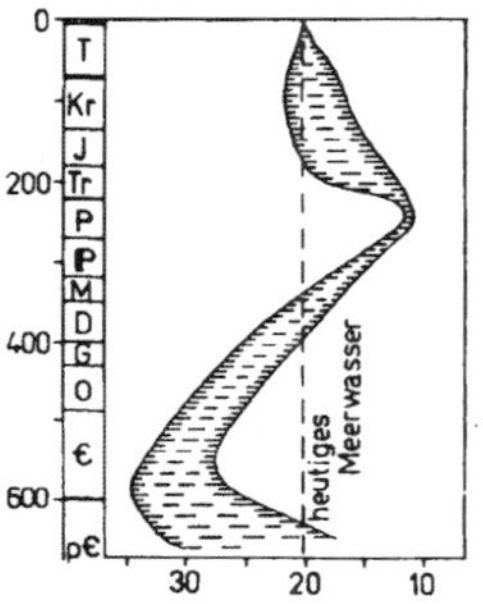

Abb. 3. Wahrscheinlicher Variationsbereich der δ^{34}S-Werte früherer Ozeane, nach NIELSEN (1966)

Ordinate = Zeit in Mill. a
Abszisse = δ^{34}S

Historische Aspekte bei der Deutung von S-Isotopenwerten sedimentärer Pyrite diskutieren auch TUGARINOW & GRINENKO (1965), wobei sie als bestimmenden Faktor für die Altersabhängigkeit die Veränderung der Umweltsbedingungen nennen. Ihre Untersuchungen erbrachten die im folgenden dargelegten Ergebnisse.

Im Kriwoi-Rog-Gebiet (Ukrainische SSR) bildete sich im Proterozoikum eine sehr starke Verwitterungsrinde. Deren Spuren blieben bis heute in den alten archaischen Fundamenten, auf denen zum Teil die basalen Schichten der Kriwoi-Rog- und der Kursk-Serie liegen, erhalten. In den hangenden Partien der unteren Horizonte dieser Serie treten erstmalig Sulfide auf, die im Zement der Konglomerate zusammen mit organischer Substanz vorkommen. Das zeigt den chemogenen bzw. biogenen Charakter ihrer Bildung. Diese beiden Beobachtungen führten zu dem Schluß, daß zu Beginn des Unterproterozoikums eine wesentliche Veränderung des Elementbestandes der Atmosphäre vor sich ging — es tritt erstmalig in ihr durch Photosynthese gebildeter freier Sauerstoff in solchen Mengen auf, daß sich der Charakter des exogenen Kreislaufs auf der Erdoberfläche relativ schnell veränderte. Das zu Beginn des Unterproterozoikums nachweisbare Auftreten von Wasserpflanzen deutet ebenfalls auf die Existenz freien Sauerstoffs in der Atmosphäre dieser Zeit hin. Entsprechende Vorstellungen finden sich bei UREY, RUBEY und RANKAMA (alle zitiert in TUGARINOW & GRINENKO 1965) und bei SAUKOW (1961). Die alte Erdatmosphäre besaß zunächst reduzierenden Charakter, der durch den biogenen Sauerstoff verändert wurde. Die Bedeutung der historischen Veränderungen in der Zusammensetzung der Atmo- und Hydrosphäre für die Ausbildung exogener Lagerstätten multivalenter Elemente hob auch KAEMMEL (1966) hervor.

Das Auftreten einer zwar geringen, aber deutlich ausgebildeten Anreicherung an ^{34}S an der Basis des Unterproterozoikums und das Anwachsen des Effekts zum Ende des Unterproterozoikums hin zeugt von dem aktiven biogenen Faktor bei der Sedimentbildung und von dessen progressiver Zunahme mit der Zeit.

Das Hauptergebnis der Untersuchungen von TUGARINOW & GRINENKO ist die Schlußfolgerung, daß die Schwefelisotopenverteilung sedimentärer Sulfide im unteren Proterozoikum eine Reihe wichtiger zusätzlicher Hinweise für die Entwicklung des Bildungsmilieus bei der Sedimentbildung im unteren Proterozoikum gibt, bedingt durch die wechselnde Rolle des biogenen Faktors und, in diesem Zusammenhang, das Erscheinen des freien Sauerstoffs in der Atmosphäre.

Es gibt Vorstellungen, den im exogenen Kreislauf deutlich ausgeprägten Entwicklungsgedanken in verstärktem Maße bei den endogenen Prozessen und den dabei festgestellten S-Isotopenverteilungen zu diskutieren, wie bei KONSTANTINOW (1961, zit. in WINOGRADOW 1963). Beide Autoren vertreten die Ansicht, daß der Schwefel aller magmatogenen S-Verbindungen den biogenen Zyklus durchlaufen habe. Auf die Konsequenzen dieser Auffassung kann an dieser Stelle nicht eingegangen werden.

Im Ergebnis der Überlegungen lassen sich folgende drei Faktoren eliminieren, ohne deren Berücksichtigung jede Diskussion historischer Entwicklungen, anhand von S-Isotopenwerten allgemein und anhand der Werte sedimentärer Sulfide im speziellen, Gefahr läuft, zu unrichtigen Folgerungen zu führen:

1. Die dominierende Rolle der Fazies

Der überwiegende Teil des sulfidischen H_2S stammt nicht aus der zersetzten organischen Substanz (aerobe Bildung), sondern aus der bakteriellen anaeroben Reduktion gelöster Sulfate. Die Lebenstätigkeit der Desulfurizierer ist fazies- bzw. Eh-pH-abhängig, und damit sind es auch die Erscheinungen der Variation und der Fraktionierung der S-Isotopenwerte.

2. Die Rolle der Intensität des Lebensprozesses

Die S-Isotopenfraktionierung ist eine Funktion des Lebensprozesses. Die Größe des Fraktionierungseffektes wird durch die Intensität des Lebensprozesses bestimmt. Die Intensität des Lebensprozesses der desulfurizierenden Bakterien hängt neben den Redoxbedingungen von der S-Konzentration des Mediums ab. Der Fraktionierungseffekt ist zwar ebenfalls faziesabhängig, läßt sich aber wegen der Rolle der Konzentration nicht auf die Fazies reduzieren.

3. Die historische Entwicklung der Umweltbedingungen

Exogene Kräfte sind viel stärker der Entwicklung unterworfen als die endogenen Kräfte, wie z. B. Magmatismus, Tektonik u. ä. Davon ausgehend, daß die physikochemischen Lebensbedingungen der Desulfurizierer sowohl Sulfidbildung als auch Schwefelisotopenverteilung beeinflussen, erlangen für die Betrachtung dieser Isotopenwerte und für das Aufsuchen von Gesetzmäßigkeiten, die diese Verteilung regulieren, die historischen Veränderungen in der exogenen Sphäre große Bedeutung.

Abschließend kann festgestellt werden, daß sich auch in der S-Isotopenverteilung im sedimentären Bereich die Dialektik der geologischen Entwicklung widerspiegelt. Diese Entwicklung erfolgt nach Gesetzmäßigkeiten, die sich nicht auf physikalische, chemische und/oder biologische allein reduzieren lassen. Verf. neigt dazu, sie in die Reihe der geologischen Gesetzmäßigkeiten im Sinne von GUNTAU (1965) zu stellen. Wichtig ist in jedem Falle, daß die Entwicklung anderer geologischer Fakten oder der ihnen zugrunde liegenden Parameter bei der Diskussion zeitlicher Abhängigkeiten der S-Isotopenwerte (und wahrscheinlich gilt dies auch für andere Isotopenverhältnisse) berücksichtigt werden.

Zusammenfassung

Nach Darlegung der bisher bekannten Vorstellungen über die Abhängigkeit der S-Isotopenverteilung sedimentärer Schwefelverbindungen wird unter Berücksichtigung eigener Untersuchungen auf die dominierende Rolle der geochemischen Fazies im Sedimentationsgebiet, auf die Rolle der bakteriellen Lebenstätigkeit und auf die Rolle der historischen Entwicklung der geologischen Bedingungen eingegangen. Ohne Berücksichtigung dieser Bedingungen führt die Diskussion der Altersabhängigkeit von Isotopenwerten zu falschen Schlüssen.

Резюме

После изложения ранее известных представлений о зависимости распределения изотопов серы осадочных серных соединений рассматривается с учетом личных исследований доминирующая роль геохимической фации в осадочной области, роль бактериальной жизнедеятельности и роль исторического развития геологических условий. Без учета этих условий дискуссия о возрастной зависимости изотопных значений приводит к неправильным выводам.

Summary

A description of ideas so far known on the dependence of the distribution of sulphur isotopes of sedimentary sulphur compounds precedes, with the inclusion of own investigations, the discussion of the dominating role of the geochemical facies in the distributive province, of the role of bacterial activities, and of the role played by the historical development of geological conditions. By leaving these conditions out of account a discussion of the dependence of age of isotope data leads to false conclusions.

Literatur

ANGER, R., & H. BORCHERT: Die Bedeutung der Schwefelisotope für die Beurteilung lagerstättenkundlich-genetischer Fragen. – N. Jb. Miner., Abh., 98, 3, 295–348, Stuttgart 1962.

AULT, W., & J. L. KULP: Isotopic geochemistry of sulphur. – Geochem. et Cosmochim. Acta, 16, 201–235 (1959).

GOLDBERG, E. D.: Marine geochemistry. – Amer. Rev. Phys. Chem., 12, 29–48 (1961); russ. Übers. in Sammelbd.: Geochimija litogenesa, Moskau 1963.

GUNTAU, M.: Der Entwicklungscharakter erdgeschichtlicher Prozesse in: Quo vadis, Universum? Hrsg. H. LEY, H. HÖRZ, R. LÖTHER, Berlin 1965.
HARRISON, A. G., & H. G. THODE: Sulphur isotope abundances in hydrocarbons and source rocks of Uinta Basin, Utah. – Bull. Amer. Ass. Petrol. Geol., 42, 2642–2649 (1958).
KAEMMEL, T.: Historische Aspekte der Geochemie einiger multivalenter Elemente bei der Lagerstättenbildung. – Ber. dt. Ges. geol. Wiss., Reihe B: Mineralogie Lagerstättenforsch., 11, 4, 505–506, Berlin 1966.
KRÜGER, P.: Zur Verteilung der S-Isotope in sedimentären Eisensulfiden unter Berücksichtigung der Redox-Beziehungen im Bildungsraum. – Unveröff. Ber. zentr. geol. Inst., Berlin 1966.
NIELSEN, H.: Schwefelisotope im marinen Kreislauf und das ^{34}S der früheren Meere. – Geol. Rundsch., 55, 1, 160–172 (1966).
POLANSKI, A.: Geochemija isotopów. – Wydawnictwa geologiczne, Warszawa 1961.
RÖSLER, H.-J., J. PILOT, D. HARZER & P. KRÜGER: Isotopengeochemische Untersuchungen (O, S, C) an Salinar- und Sapropel-Sedimenten Mitteleuropas. – International Geological Congress, Report of the XXIII. Session, Czechoslovakia 1968, Section 6: Geochemistry, Prague 1968, 89–100.
SAUKOW, A. A.: Evolution der Migrationsfaktoren der Elemente in der Historischen Geologie. – Iswestija AN SSSR, ser. geol., 5, 1–26 (1961); dt. in: wiss.-techn. Inform.-Dienst, 2, 6, 14–33, zentr. geol. Inst., Berlin 1961.
SCHULZ, H.: Die Entwicklung der geochemischen Bedingungen im Laufe der Erdgeschichte. – Wiss. Z. Humboldt-Univ., XIV, 4/5, 677–684 (1965).
THODE, G. H.: Variation in abundances of isotopes in nature. – Research, 2, 154–161, London 1949.
THODE, H. G., & J. MONSTER: Rasprostranennostj isotopow w ewaporitach i drewnich okeanach. – Trudy geochimitscheskoj konferenzii „Chimija semnoj kory", Bd. II, 589–600 (1964).
THODE, H. G., J. MACNAMARA & W. H. FLEMING: Sulphur isotope fractionation in nature and geological and biological time scales. – Geochim. et Cosmochim. Acta, 3, 235–243 (1953).
TROFIMOW, A.: Isotopnyj sostaw sery w meteoritach i w semnych objektach. – Doklady AN SSSR, 66, 181–184 (1949).
TUGARINOW, A. J., & W. A. GRINENKO: Uslowija sedimentazii nisneproterosojskich formazij po dannym variazij isotopnowo sostawa sery w sulfidach. – Sammelbd: Problemy geochimii, 197–203, Moskau 1965.
WETZEL, K., H. HÜBNER, G. HÜBNER & I. MAASZ: Anwendung stabiler Isotope in Forschung und Technik. – VEB dt. Verl. Grundstoffind., S. 147 (1963).
WINOGRADOW, A. P., M. S. TSCHUPACHIN, W. A. GRINENKO & A. W. TROFIMOW: Isotopnyj sostaw sery w swjasi s woprosom o wozraste piritow osadotschnogo genesisa. – Geochimija, 1, 96–105 (1956).
WINOGRADOW, W. J.: Isotopnyj sostaw sery w porodach i mineralach Nikitowskogo rutnogo mestoroshdenija w Donbasse. – Trudy Inst. Geol. rudnych mest., petr., min. i geochimii (IGRM), 99, 154–164 (1963).

Das Verhalten der Kohlensäure in hydrothermalen Lösungen bei der Bildung der Quarz-Nasturan-Kalzit-Gänge des Erzgebirges

G. W. NAUMOW & L. F. MIRONOWA, Moskau

(Mitteilung aus dem W.-I.-WERNADSKI-Institut für Geochemie und Analytische Chemie der Akademie der Wissenschaften der UdSSR, Moskau)

Die Rekonstruktion des chemischen Bestandes hydrothermaler Lösungen, die erzführende Mineralgänge gebildet haben, ist für das Studium der Erzbildungsprozesse von großem Interesse. Aus physikalisch-chemischen Untersuchungen (W. L. BARSUKOW u. a. 1966) ergibt sich, daß die Kohlensäure bei der Bildung von Nasturan-Karbonat-Gängen eine wichtige, die Aufeinanderfolge der Mineralablagerung beeinflussende Rolle spielte. Zum richtigen Verständnis der Mineralbildungsprozesse in derartigen Gängen ist daher die Erlangung von exakten Werten über die Kohlensäurekonzentration in hydrothermalen Lösungen von großer Wichtigkeit. Die von DYMKOW (1960), HARLASS & SCHÜTZEL (1965) ausführlich beschriebenen Quarz-Nasturan-Kalzit-Gänge des Erzgebirges sind typisch für Gänge solcher Mineralführung. Für derartige, eine Inkrustationsstruktur aufweisenden Gänge ist die folgende Mineralfolge typisch: Kammquarz, Nasturan, Skalenoederkalzit. Die Beziehungen zwischen den Hauptmineralien in einzelnen solcher Gänge können oftmals sehr kompliziert sein. Bisweilen können Nasturan oder Kammquarz ganz fehlen. Andererseits wiederum können Kalzit und Nasturan Verwachsungsstrukturen aufweisen oder in der Abfolge einander abwechseln (Kalzit—Nasturan—Kalzit).

Trotz dieser und einiger anderer Komplikationen ist die allgemeine Reihenfolge in der Mineralablagerung deutlich zu erkennen (Abb.).

Die mikroskopische Untersuchung von Proben dieser Mineralien hat gezeigt, daß sie Gruppen von kleinen gasförmigen Einschlüssen aufweisen, die entsprechend dem Wachstum der Quarz- und Kalzitkristalle zonenförmig angeordnet sind. Diese Einschlüsse sind als äußerst kleine Reste einer in den Mineralien eingeschlossenen mineralisierenden hydrothermalen Lösung anzusehen. Das Studium ihres chemischen Bestandes gestattet, die Verhältnisse zu rekonstruieren, unter denen die Bildung dieser Mineralien vor sich ging. Die Abmessungen solcher gasförmigen Einschlüsse in den Mineralien der Quarz-Nasturan-Kalzit-Gänge sind jedoch so klein (insgesamt nur einge μ), so daß es nicht möglich ist, eine chemische Analyse der einzelnen Einschlüsse zu erarbeiten. In solchen Fällen müssen spezielle Methoden angewandt werden, die erlauben, unter Berücksichtigung einer großen Anzahl von Einschlüssen eine statistische Analyse auszuführen.

Zur Bestimmung der Kohlensäurekonzentration in homogenisierten Lösungen solcher gasförmigen Einschlüsse haben die Verf. eine neue Methodik ausgearbeitet, die gestattet, die Bestimmung von CO_2 und H_2O aus einer Probe durchzuführen (O. F. MIRONOWA & G. W. NAUMOW 1967). Diese Methode schließt wesentliche Fehler aus, die bei einer getrennten Bestimmung dieser beiden Komponenten entstehen und die erfahrungsgemäß 100—200% der relativen Fehler ausmachen. Durch Vermeidung von Fehlern, die mit der ungleichmäßigen Verteilung der Einschlüsse, den verschiedenartigen Bedingungen ihres Aufschlusses (Tem-

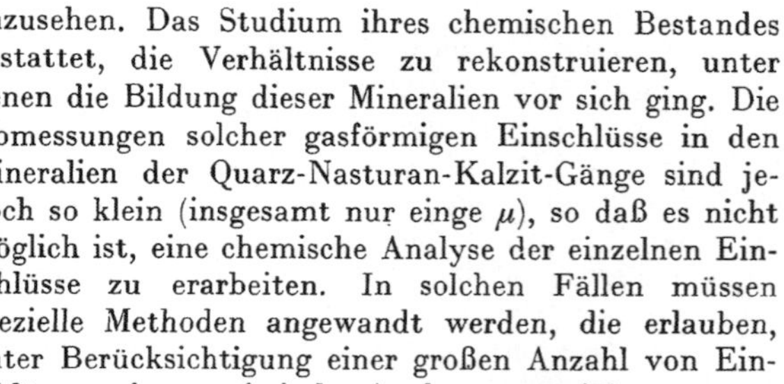

Abbildung. Mineralisationsschema der kku-Formation in den Lagerstätten des Westerzgebirges (nach HARLASS & SCHÜTZEL 1965)

Eingang des Manuskripts in der Redaktion: 14. 10. 1968.

peratur, Zeit, Charakter der Fraktion usw.) zusammenhängen, und ebenso durch eine genauere und präzisiertere H_2O-Bestimmung gelang es, Fehler in der Einzelbestimmung bis auf 5—10% relativer Fehler zu reduzieren. Selbst wenn sich die Menge der zu bestimmenden Kohlensäure an der Genauigkeitsgrenze bewegt ($n\ 10^{-6}$ g), übersteigt der Fehler der Einzelbestimmung nicht 30%.

Alle drei Hauptmineralien aus den Quarz-Nasturan-Kalzit-Gängen des Erzgebirges sind nach dieser Methode analysiert worden. Die Resultate sind in der Tab. dargelegt.

Tabelle. Kohlensäurekonzentration in gasförmigen Einschlüssen

Mineral	Anzahl der untersuchten Proben	CO_2-Konzentration in %
Kammquarz	7	9,2 ± 2,8
Nasturan	7	1,8 ± 0,4
Skalenoederkalzit	5	0,3 ± 0,3

Die erhaltenen Größen (Tab.) geben eine anschauliche Vorstellung von der Konzentration der Kohlensäure in den durch die hydrothermalen Lösungen gebildeten Gängen und von ihren Veränderungen im Laufe der Mineralbildung. Der Beginn des Prozesses war durch eine maximale, 3 Mol/l erreichende Konzentration an Kohlensäure charakterisiert. In dieser Phase wurden in verschiedenen Proben auch die erheblichsten Schwankungen dieser Konzentration beobachtet, Beträge also, die die möglichen analytischen Fehler beträchtlich übersteigen. Alle Proben von Nasturan haben gezeigt, daß seine Ablagerungen bei einem beträchtlich geringeren CO_2-Gehalt in der Lösung stattfanden, der aber dennoch 0,3—0,6 Mol/l erreichte. Augenscheinlich charakterisieren die ersteren Beträge bzw. Konzentrationsgrade mehr die Zuführung von Uran und die zweiten die Bedingungen seiner Ablagerung.

Die Kristallisation des Skalenoederkalzits in den zentralen Teilen der Gänge fand aus Lösungen statt, die zunächst noch geringere Gehalte an Kohlensäure (weniger als 0,1 Mol/l) enthielten. Eine solche Position des Kalzits ist ganz verständlich, da die Lösungen bei hohem Kohlensäuregehalt gegenüber ihrer Umgebung eine so saure Reaktion (niedriger pH-Wert) aufweisen, daß diese eher für die Auflösung als für die Ablagerung von Kalziumkarbonat günstig waren. Das Absinken des allgemeinen CO_2-Gehaltes in der Lösung führte zu einer Alkalitätszunahme der Umgebung, d. h. zu einer Steigerung der Kohlensäuredissoziation

$$H_2CO_3 \rightarrow H^+ + HCO_3^- \rightarrow 2\,H^+ + CO_3^{2-}$$

und folglich zu einer Konzentrationszunahme der CO_3^{2-}-Ionen, die sich dann in Form von Kalzit ablagerten, indem sie sich mit den Ca^{2+}-Ionen vereinigten.

Die erhaltenen Angaben bestätigten die oben bereits angeführte Schlußfolgerung über den Karbonatcharakter der uranführenden hydrothermalen Lösungen, die die Mineralgänge vom Typ der Quarz-Kalzit-Nasturan-Gänge des Erzgebirges gebildet haben, und über die allgemeine Richtung nach CO_2-Verminderung, in der sich das Verhalten des CO_2 im Laufe der Ablagerung der einzelnen Mineralien veränderte.

Literatur

BARSUKOW, W. L., G. W. BAUMOW & N. T. SOKOLOWA: Das Verhalten des Urans bei der Bildung hydrothermaler Ganglagerstätten. Wissenschaftlich-Technische Erkenntnisse bei der Uranerkundung. — Büro für Techn. Inform., SDAG Wismut, H. 5/6 (1966).

DYMKOW, J. M.: Uranmineralisation im Erzgebirge. — Atomisdat, Moskau 1960.

HARLASS, E., & H. SCHÜTZEL: Zur paragenetischen Stellung der Uranpechblende in den hydrothermalen Lagerstätten des westlichen Erzgebirges. — Z. angew. Geol., 11, 11, 521—524, Berlin 1965.

MIRONOWA, O. F., & G. W. NAUMOW: Methode der Bestimmung der Kohlensäurekonzentration in gasförmigen Einschlüssen. — Geochimija, No. 10 (1967).

Chemische und mineralogische Zusammensetzung sowie Korngrößenaufbau von Blähtonen

Ihr Blähvermögen bei der Porensinterherstellung

HANS ROSENBERGER, Dresden

Entsprechend der Prognose über die Entwicklung der Bauindustrie der DDR im Zeitraum bis 1980 ist mit einer Erhöhung der Bauproduktion auf das 2,5fache zu rechnen. Auch die Produktion von Leichtbetonbauelementen muß erweitert werden, um das Weltniveau im Bauwesen zu erreichen. Daher wird die Produktion von Leichtzuschlagstoffen für Leichtbetonbauelemente (sowohl für Wärmedämm- als auch für Konstruktivbeton) an Bedeutung zunehmen.

Der weitaus größte Teil der erforderlichen Leichtzuschlagstoffe wird z. Z. durch die Produktion von Aschen- und Schlackensinter sowie Hüttenbims bereitgestellt. Der Einsatz dieser Leichtzuschlagstoffe ist wegen der geringen damit zu erreichenden Betonfestigkeiten (maximal 80 kp/cm²) auf den Hochbau beschränkt.

Porensinter, hergestellt aus Blähton oder Blähschiefer, ist als hochwertiger Leichtzuschlagstoff außer für Wärmedämmbeton auch für wärmedämmenden Konstruktivbeton geeignet.

Die Produktion von Blähschiefer ist wegen der geologischen Verhältnisse regional und mengenmäßig begrenzt. Die Steigerung der Porensinterproduktion aus plastischen Tonen ist daher für die Bauindustrie nach wie vor von Bedeutung.

Es gilt, die vorhandenen großen Rohstoffreserven an plastischen Tonen zu bewerten und Beurteilungsgrundlagen zu schaffen, anhand deren Entscheidungen über

Eingang des Manuskripts in der Redaktion: 12. 12. 1968.

die optimale volkswirtschaftliche Nutzung von Blähtonlagerstätten sowie über den Bau von Porensinterwerken möglich sind.

Im Rahmen von Forschungs- und Entwicklungsarbeiten sowie der geologischen Erkundung und technologischen Untersuchung zahlreicher Blähtonlagerstätten ist im ehemaligen Institut für angewandte Mineralogie, jetzt VEB Geologische Forschung und Erkundung, Halle, Betriebsteil Dresden, die Literatur über Blähtone ausgewertet und kritisch verarbeitet worden. Außerdem liegen langjährige eigene Erfahrungen über die Untersuchung und Bewertung von Blähtonen vor, so daß es angebracht erscheint, darüber zusammenfassend zu berichten.

Man kann die an Blähtone zu stellenden Forderungen ganz allgemein wie folgt beschreiben:

Der Ton muß eine in gewissen Grenzen variable chemisch-mineralogische Zusammensetzung sowie einen bestimmten Korngrößenaufbau haben, damit bei Blähtemperaturen von etwa 1100° bis 1200 °C eine dichte Hülle bzw. eine Glasphase mit geeigneter Viskosität entsteht, die in der Lage ist, die durch Reaktionen zwischen den Tonkomponenten entstehenden Blähgase aufzufangen und den Ton durch Vergrößerung der geschlossenen Poren und Dehnung der plastischen Hüllen- und Porenwände plastisch zu blähen.

Eine eingehende Darlegung der physikalischen Grundlagen der Expansion von Tonen bei Wärmebehandlung erfolgte durch TSCHERNJAK (1958), der den Blähvorgang als Summe einer endlichen Zahl von Volumenvergrößerungen einzelner geschlossener Poren unter dem Einfluß des in ihnen herrschenden Gasdrucks betrachtet. Die Volumenvergrößerung ist nach ihm abhängig von der Viskosität des Systems, vom Gasdruck und der Dauer der Temperatureinwirkung. Diese Beziehungen werden von TSCHERNJAK in zwei Grundgleichungen des Blähprozesses ausgedrückt:

1. Gleichung der Ausdehnungsgeschwindigkeit von geschlossenen Kugelporen:

$$\frac{dr}{dt} = \frac{3 \cdot p \cdot r}{8 \cdot \eta} \tag{1}$$

wobei:

r — Radius der Kugel,
p — Überdruck der Gase in der Pore,
η — Viskosität der Glasphase,
t — Zeit;

2. Gleichung, die die gegenseitige Abhängigkeit zwischen dem mittleren Koeffizienten der Porenvolumenvergrößerung ξ_m und dem Blähkoeffizienten K des Blähkörpers, in dem diese Poren eingeschlossen sind, ausdrückt:

$$K = \frac{P_g \cdot \xi_m + P_o}{P_w} \tag{2}$$

wobei:

P_g und P_o — geschlossene und offene Poren im Anfangsmoment ($K = 1$),
P_w — wahre Porosität am Ende des Prozesses.

Durch Integration der Gleichung (1) unter vereinfachten Annahmen erhält TSCHERNJAK für das Verhältnis des Porenvolumens vor und nach der Ausdehnung den Ausdruck

$$\xi = e^{\frac{9 \cdot p \cdot t}{8 \eta}} \tag{3}$$

Aus den Gleichungen (2) und (3) läßt sich der Anfangsdruck der Gase in den geschlossenen Poren bestimmen. Nach TSCHERNJAK soll das optimale Intervall der Viskosität für Blähtone zwischen $5 \cdot 10^8$ und $5 \cdot 10^7$ POISE bei Drücken von einigen kp/cm² liegen.

Erforderliche chemische Zusammensetzung der Blähtone

Die chemische Zusammensetzung der Blähtone wird durch deren Mineralgehalte bestimmt. Eine in bestimmten Grenzen variable mineralogische und chemische Zusammensetzung der Blähtone ist sowohl für die rechtzeitige Ausbildung einer Glasphase mit geeigneter Viskosität als auch für die Entwicklung der Blähgase bei geeigneten Temperaturen (1100 °C bis 1200 °C) erforderlich.

Die Bedingungen für die chemische Zusammensetzung der Blähtone werden von den Blähtonforschern auf verschiedene Weise festgelegt:

a) durch Abgrenzung von Blähfeldern im ternären Diagramm SiO_2—Al_2O_3—Σ Flußmittel,

b) durch die Angabe von Bereichen für die Gehalte der Hauptoxide,

c) durch Festlegung von Grenzen für Verhältniswerte von Oxiden.

Zu a)

RILEY (1951) hat als erster festgestellt, daß dem gemeinsamen Verhältnis zwischen den unter a) genannten Hauptkomponenten eine gewisse Bedeutung zukommt. Sowohl RILEY (1951) als auch später WILSON (1954) haben die chemischen Analysen zahlreicher Tone in das unter a) genannte ternäre Diagramm eingetragen. Die blähfähigen Tongesteine konnten durch sie in geschlossenen Feldern abgegrenzt werden, wobei zu bemerken ist, daß sich die Blähfelder der beiden Autoren etwas unterscheiden (siehe Abb. 1).

Nach eigenen Erfahrungen ist das von RILEY angegebene Blähfeld für Tone aus DDR-Lagerstätten geeigneter.

Die von RILEY und WILSON angegebenen Blähfelder können nur zur Groborientierung dienen, da einmal die Verflüssigungswirkung der einzelnen unter „Summe Flußmittel" zusammengefaßten Oxide unterschiedlich

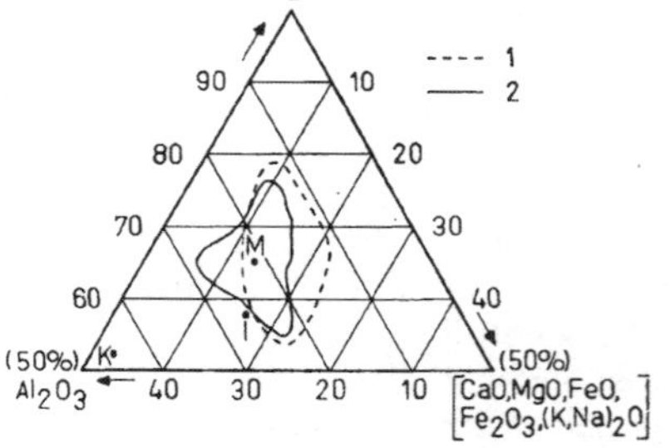

Abb. 1. Ternäres Diagramm SiO_2—Al_2O_3—(Fe_2O_3, CaO, MgO, K_2O, Na_2O) mit den Feldern für Blähtone nach RILEY und WILSON

1 — Blähfeld nach RILEY, 2 — Blähfeld nach WILSON. K — Kaolinit, I — Illit, M — Montmorillonit

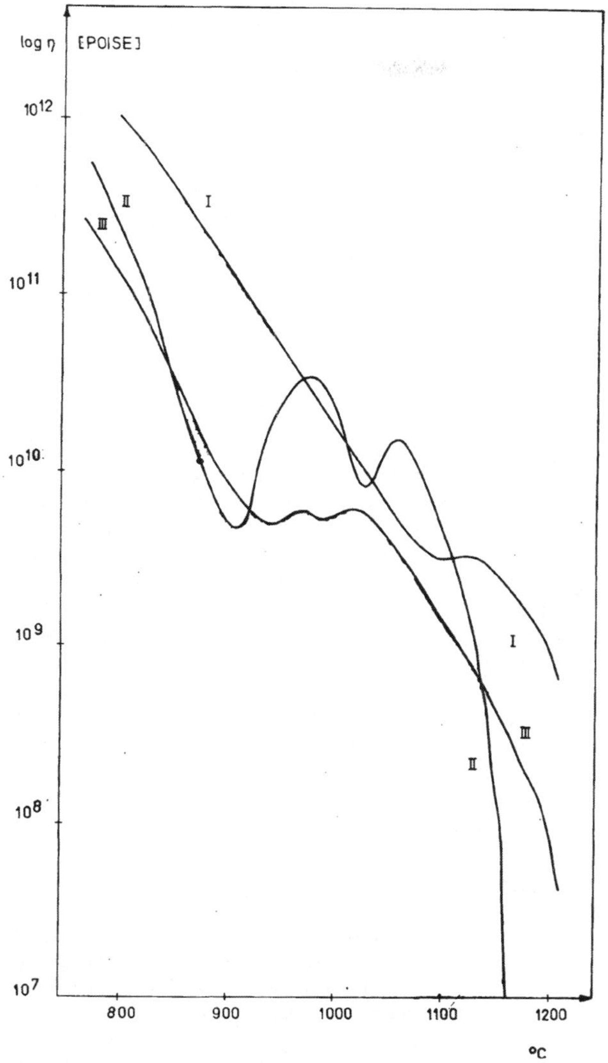

Abb. 2. Charakteristische Unterschiede der Temperaturabhängigkeit der Viskosität der Glasphase der Gruppen I, II u. III von Blähtonen nach PAWLOW (Viskositätsmessungen an Blähtonen aus DDR-Lagerstätten von ROSENBERGER 1967)

ist und zum anderen für das Blähen der Tone noch weitere Eigenschaften notwendig sind. Alle in bezug auf die chemische Zusammensetzung der Blähtone aufgestellten Bedingungen sind daher als notwendig, aber keinesfalls als ausreichend anzusehen.

Liegen die Schnittpunkte für die Gehalte der unter a) aufgeführten Hauptkomponenten bestimmter Tone innerhalb dieser Blähfelder, so besagt dies lediglich, daß solche Tone von der chemischen Zusammensetzung her möglicherweise zur Produktion von Porensinter geeignet sind, wobei andere notwendige Eigenschaften, z. B. geeignete Mineralzusammensetzung und Korngrößenaufbau, fehlen können. Es kann jedoch gesagt werden, daß genügend außerhalb der Blähfelder liegende Tone zur Porensinterherstellung ungeeignet sind.

Zu b)

SOLONINKO (1957) und KRUSEL (1958) legten für die Gehalte der Hauptoxide von Blähtonen folgende zulässigen Bereiche fest:

I. S. SOLONINKO (1957)	
SiO_2	50–80%
Al_2O_3	8–25%
Fe_2O_3	3–12%
$CaO + MgO$	3– 6%
$K_2O + Na_2O$	2– 6%
GV	6–12%

L. E. KRUSEL (1958)	
SiO_2	54,7–70 %
Al_2O_3	12 –23 %
$Fe_2O_3 + FeO$	4,8– 9,5%
$CaO + MgO$	2 – 4,5%
$K_2O + Na_2O$	2 – 3,5%

PICHA (1962) bemerkt dazu, daß der Tonerdegehalt von 18—20% nur dann überschritten werden darf, wenn der Ton genügend Feinkornanteil besitzt und der Gehalt an Flußmitteln an der oberen Grenze liegt. Tone mit einem höheren Gehalt an Erdalkalien wie angegeben haben einen zu geringen Temperaturbereich zwischen Blähen und Erweichen unter Ofenbelastung und kommen als Blähton — zumindest für eine Verarbeitung mit der Drehofentechnologie — nicht in Betracht. Nach den Erfahrungen des Verf. sind für SiO_2, Al_2O_3 und auch Fe_2O_3 die von KRUSEL angegebenen Grenzwerte brauchbarer, während bei $CaO + MgO$, $K_2O + Na_2O$ sowie GV die von SOLONINKO angegebenen Grenzwerte für die Eignungsbeurteilung von Blähtonen vorzuziehen sind.

Zu c)

GERWIDS (1956) hat als erster bei Blähtonen Grenzwerte für Verhältnisse (Gew.-%) von Oxiden bzw. Oxidgruppen eingeführt:

Verhältniswert		
1	$\frac{Al_2O_3}{SiO_2}$	= 1:2 bis 1:8
2	$\frac{Fe_2O_3}{Al_2O_3 + SiO_2}$	= 0,04 bis 0,12
3	$\frac{CaO + MgO}{Al_2O_3 + SiO_2}$	= 0,04 bis 0,13
4	$\frac{K_2O + Na_2O}{Al_2O_3 + SiO_2}$	= 0,02 bis 0,06
5	$\frac{C}{Fe_2O_3(ges)}$	= 0,1 bis 0,2

GERWIDS (1956) bemerkt zu diesen Grenzwerten: „Wenn der Tonerdegehalt höher liegt, wird die erforderliche Viskosität der Glasphase erst bei zu hoher Temperatur erreicht. Ist der Tonerdegehalt zu gering, kann es sein, daß der Rohstoff zu früh erweicht. Es kommt dann möglicherweise zum Zusammenbacken der Granalien und zur Rollenbildung im Drehofen."

Grenzwerte für Oxidgehalte bzw. Verhältniswerte von Oxiden sind für Blähtone vor allem aufgestellt worden, um abschätzen zu können, ob die Viskosität der entstehenden Glasphase im Temperaturbereich zwischen etwa 1000° und 1200°C in geeigneten Bereichen liegt. Die Arbeit von PAWLOW (1960) ist daher besonders zu beachten, da es diesem gelang, bestimmte Gesetzmäßigkeiten zwischen der chemisch-mineralogischen Zusammensetzung der Blähtone und der Temperaturabhängigkeit der Viskosität ihrer Glasphase zu finden.

Auf Grund von charakteristischen Unterschieden im Verlauf der Temperaturabhängigkeit der Viskosität der Glasphase (siehe Abb. 2) teilt PAWLOW die Tone in drei Gruppen ein:

Verhältniswerte und Oxidgehalte

		Tongruppe (nach PAWLOW) I	II	III
Nr. 6	$\frac{Fe_2O_3 + MgO + Na_2O + K_2O}{CaO}$	> 4	< 4	> 4
Nr. 7	freier Quarz	> 30%	> 20%	
Nr. 8	CaO	< 2%	> 3%	< 3%
Nr. 9	$\frac{\text{freier Quarz}}{\text{Summe Flußmittel}}$	> 4	> 3	< 4

In die Gruppe I gehören Tone, die eine nahezu geradlinige Abhängigkeit der Viskositätsänderung von der Temperatur im halblogarithmischen Koordinatensystem zeigen. Die Verhältniswerte 6 und 9 sind bei diesen Tonen > 4, d. h., sie enthalten eine erhöhte Menge freien Quarzes (> 30%) und geringe Mengen CaO (< 2%).

Diese Tone weisen eine ungenügende Sinterung auf. Bis 1100° werden nur sehr wenig geschlossene Poren gebildet. Sie sind zur Produktion von Porensinter ungeeignet.

In Gruppe II werden Tone zusammengefaßt, deren Viskositätskurven im Temperaturbereich von 900° bis 1050 °C ein großes Maximum haben. Der Verhältniswert Nr. 6 ist < 4, und der Gehalt des freien Quarzes beträgt > 20%, der CaO-Gehalt > 3%. Infolge des geringeren Schmelzintervalls ist es nach PAWLOW nicht möglich, mit diesen Tonen ein Blähprodukt mit einer Rohdichte unter 0,9—1,0 g/cm³ herzustellen. Sie sind also zur Produktion von Porensinter nach dem Drehofenverfahren nur bedingt geeignet.

Tone der Gruppe III werden nach PAWLOW charakterisiert durch Verhältniswert Nr. 6 von > 4 und Verhältniswert Nr. 9 von < 4. Diese Tone sind für die Produktion von Porensinter am besten geeignet. Je kleiner der Wert für Verhältniswert 9 (Freier Quarz: Summe Flußmittel) ist, desto geringer wird nach PAWLOW die Rohdichte des Porensinters sein.

Die Angaben von PAWLOW für Gruppe III wären nach eigenen Erfahrungen durch maximale Quarzgehalte von 30—35% für gut blähende Tone zu ergänzen. Bei darüberliegenden Gehalten nimmt die Blähfähigkeit der Tone ab.

HILL & CROOK (1960) haben die chemischen Analysen der Tone in das Dreistoffdiagramm mit den Koordinaten Fe_2O_3, $(R_2O + RO)$ und $[SiO_2-(Al_2O_3:2,55)]$ eingetragen. Die Autoren rechnen mit diesem Rest SiO_2-Anteil, da sich während des Blähens Mullit bildet und dieser stöchiometrisch bedingte Anteil für die Ausbildung der Glasphase nicht zur Verfügung steht!

In diesem ternären Diagramm haben die Autoren ein Dreieck abgegrenzt, in dem die Tone mit guten Bläheigenschaften liegen sollen (siehe Abb. 3). Bei

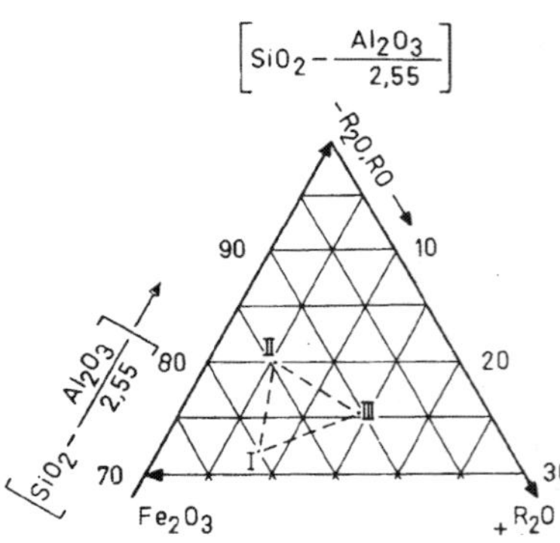

Abb. 3. Ternäres Diagramm für die chemische Zusammensetzung von Blähtonen nach HILL & CROOK

außerhalb des Dreiecks liegenden Tonen soll die Entfernung zu ihm ein Maß für die Blähfähigkeit sein. Diese Auswertung der chemischen Zusammensetzung der Blähtone ist insofern problematisch, da die Tone nach 10—20 min Aufenthalt in der Feuerzone des Drehofens und bedingt durch ihre jeweilige Mineralzusammensetzung eine unterschiedliche Bildungsgeschwindigkeit für den Mullit haben und daher nicht mit der stöchiometrisch möglichen Mullitmenge gerechnet werden kann, wie durch Untersuchungen im ehemaligen Institut für angewandte Mineralogie festgestellt werden konnte. Die Beurteilung der Blähfähigkeit der Tone nach der Methode von HILL & CROOK kann daher nicht empfohlen werden.

Mineralzusammensetzung der Blähtone

Bei der Besprechung der chemischen Zusammensetzung der Blähtone ist bereits der Einfluß der Quarzgehalte auf das Blähvermögen behandelt worden. Es soll noch erwähnt werden, daß neben dem Gehalt des Quarzes auch sein Körnungsband bzw. seine spezifische Oberfläche auf das Blähvermögen von Einfluß ist; denn die Auflösungsgeschwindigkeit des Quarzes in der Schmelzphase steigt mit zunehmender Oberfläche stark an. Bei Quarzgehalten über 35% muß im allgemeinen mit einer Abnahme der Blähfähigkeit gerechnet werden.

FASTABEND & RUYTER (1959) haben von 10 Marschtonen die Tonminerale quantitativ bestimmt. Der Bläheffekt war bei den Proben mit höheren Gehalten an Glimmer/Illit und Montmorillonit besonders hoch. Nach den Erfahrungen von ALBERT (1957) sind bei Blähtonen Tonmineralgehalte der Montmorillonitgruppe von mindestens 25—30% eine notwendige Voraussetzung für das Blähen der Tone um 1100 °C.

Von zahlreichen weiteren Autoren, z. B. von RILEY (1951) und STANZAK (1956) — um nur einige zu nennen — wird übereinstimmend berichtet, daß gewisse Gehalte von Glimmer/Illit bzw. Montmorillonit für das Blähen der Tone entscheidend sind und die Blähfähigkeit mit steigenden Kaolinitgehalten abnimmt. Eigene Erfahrungen stimmen mit diesen Angaben überein, wobei noch zu ergänzen wäre, daß mit steigenden Kaolinitgehalten im allgemeinen die Neigung der Tone zur Rißbildung bzw. zum Zerplatzen bei schnellem Temperaturanstieg zunimmt. Man kann den negativen Einfluß des Kaolinits auf das Blähvermögen wie folgt erklären:

Als optimale chemische Zusammensetzung der Glasphase von Blähtonen kann etwa das Zentrum des RILEYschen Blähfeldes angesehen werden. Der Schnittpunkt für die Analysenwerte des Kaolinits im obengenannten Dreistoffdiagramm liegt weit außerhalb seines Blähfeldes, während sich die Schnittpunkte für die Analysenwerte der anderen genannten Tonminerale im oder nahe am Blähfeld befinden (siehe Abb. 1; dort: Punkte K = Kaolinit, I = Illit und M = Montmorillonit).

Tab. 1. Beispiele für chemische Analysen der wichtigsten in Blähtonen vorkommenden Tonminerale (nach K. JASMUND)

	SiO_2	Al_2O_3	Fe_2O_3	CaO	MgO	K_2O	Na_2O
Kaolinit	44,7	38,6	0,9	0,24	0,08	0,14	0,62
Montmorillonit	54,9	19,9	4,1	2,2	2,8	0,26	1,75
Illit	52,3	25,8	4,1	0,6	2,7	6,5	0,4

Beim Kaolinit sind die genannten Unterschiede der chemischen Zusammensetzung zur optimalen Glasphase der Blähtone sehr viel größer als bei den anderen genannten Tonmineralen. Daher wird viel mehr Energie benötigt (höhere Blähtemperaturen), und die zur Ausbildung einer ausreichenden Glasphase benötigte Zeit ist viel länger.

Das Tonmineral Kaolinit enthält kein Alkali im Gitter. Dieses ist jedoch zur Ausbildung einer Glasphase bei niedrigen Temperaturen sowie auch für ein genügend breites Schmelzintervall des Tons unbedingt erforderlich. Bei kaolinitischen Tonen besteht daher oft ein Alkalimangel.

Liegt das vorhandene Alkali im Feldspat oder anderen Mineralen, jedoch nicht in Tonmineralen gebunden, vor, so ist seine Wirkung auf die Ausbildung einer Glasphase bei niedrigen Temperaturen wesentlich geringer (geringerer Verteilungsgrad des Alkalis, daher viel längere Diffusionszeiten).

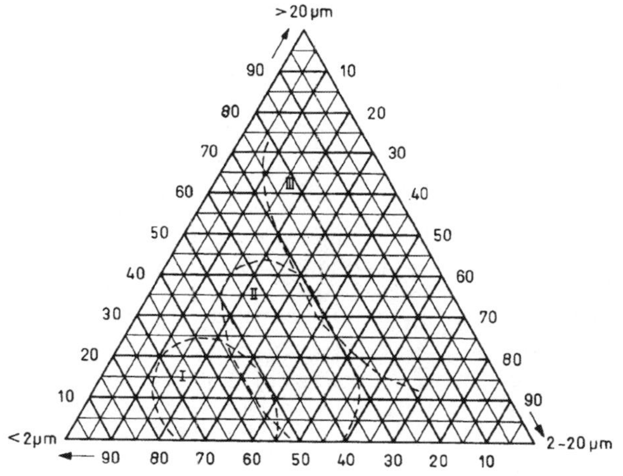

Abb. 4. Körnungsdreieck mit den Feldern für vom Kornaufbau her „sehr gut", „ausreichend bis gut" und „sehr bedingt geeignete bis ungeeignete" Blähtone nach ROSENBERGER

I — sehr gut, II — ausreichend bis gut, III — sehr bedingt geeignet bis ungeeignet

Da bei Blähtonen ein Al_2O_3-Gehalt von etwa 22% nicht überschritten werden darf, weil sonst die Viskosität der Glasphase zu hoch ist, bedeutet das, daß bei kaolinitischen Tonen Quarzgehalte von 45—50% vorhanden sein müssen, um diese geringen Tonerdegehalte zu erreichen. Derartig hohe Quarzgehalte setzen aber, wie die Erfahrung zeigt, die Blähfähigkeit stark herab bzw. verhindern diese.

Mit vorstehenden Ausführungen sollte der entscheidende Einfluß der Tonmineralzusammensetzung auf das Blähvermögen der Tone dargelegt werden.

Tonminerale und Quarz stellen die mengenmäßig bedeutendsten Minerale der Blähtone dar. Daneben sind im wesentlichen noch folgende Minerale mit kleineren bis mittleren Gehalten vertreten, die sowohl für die rechtzeitige Ausbildung einer geeigneten Glasphase von Bedeutung als auch z. T. am Ablauf blähgasliefernder Reaktionen beteiligt sind: Eisenhydroxide (Limonit), Eisensulfide (Pyrit, Markasit), Karbonate (Siderit, Dolomit, Calcit), Gips, Feldspat sowie organische Substanz unterschiedlicher Zusammensetzung. Bei diesen Mineralen hängt ihr Einfluß auf das Blähen der Tone außer von ihren Gehalten auch von ihrer spezifischen Oberfläche ab.

Einfluß des Korngrößenaufbaus auf das Blähvermögen der Tone

Aus dem Obendargelegten kann man ableiten, daß der Korngrößenaufbau der Blähtone, die als Mineralgemische mit bestimmter spezifischer Oberfläche je Mineralkomponente aufgefaßt werden können, auf das Blähvermögen von Einfluß ist. In der Literatur wird generell anerkannt, daß der Bläheffekt der Tone im allgemeinen um so größer ist, je mehr Feinkornanteil die Tone enthalten.

FASTABEND & RUYTER (1959) untersuchten den Einfluß des Korngrößenaufbaus von Marschtonen auf deren Blähvermögen. Bei den Proben mit geringen Feinkorngehalten $< 2\,\mu m$ (8—10%) war kein Blähen nachzuweisen. Die Proben mit Feinkorngehalten $< 2\,\mu m$ unter 25% zeigten ebenfalls kaum Bläheffekte. Diese Autoren schlossen daraus, daß es anscheinend für die Blähfähigkeit entscheidend ist, daß für den Feinkornanteil ein bestimmter Schwellenwert überschritten werden muß, der bei den untersuchten Marschtonen bei 30—35% lag. Magere Tone haben daher keine Aussicht, zu Porensinter verarbeitet werden zu können.

GERWIDS (1953) fordert für die zum Blähen geeigneten Tone einen Mindestgehalt von 60% der Fraktion $< 10\,\mu m$. Von ALBERT (1957) wird der für Blähtone notwendige Anteil $< 10\,\mu m$ mit 70% angegeben.

PICHA (1962) weist auf die wichtige Tatsache hin, daß alle Tonteilchen möglichst zur gleichen Zeit erweichen, was nur bei Teilchen von annähernd gleicher Größe erreicht werden kann. Ist das nicht der Fall, können Poren und Kapillaren entstehen, durch die Blähgase entweichen. Verf. konnte nach Auswertung zahlreicher Analysen- und Versuchsergebnisse im Körnungsdreieck mit den Koordinaten $< 2\,\mu m$, 2—20 μm und $> 20\,\mu m$ Felder für vom Kornaufbau her „sehr gut geeignete", „mäßig bis gut geeignete" und „nur sehr bedingt bis ungeeignete" Blähtone abgrenzen (ROSENBERGER 1964, s. auch Abb. 4).

Vergleicht man die Lage dieser Felder mit den von PLAUL (1962) gefundenen Linien gleicher Packungsdichte im obengenannten Körnungsdreieck, so erkennt man, daß die Tone in den Feldern I und II, deren Korngrößenaufbau für Blähtone geeignet ist, eine höhere Packungsdichte aufweisen. Bei den Tonen mit geringer Packungsdichte, die im Feld III auftritt, ist augenscheinlich die Bildungsgeschwindigkeit der geschlossenen Poren beim Sintervorgang zu gering.

Zusammenfassend kann man feststellen, daß letztlich die Körnungsbänder der einzelnen Mineralkomponenten der Blähtone für ihr technologisches Verhalten, insbesondere ihr Blähvermögen, mitentscheidend sind, da beim relativ kurzen Aufenthalt des Materials im Drehofen die spezifische Oberfläche der reagierenden Stoffe und die Packungsdichte eine Rolle spielen.

Es liegen zur Zeit noch zu wenig Angaben über die quantitative Mineralverteilung der Blähtone in den einzelnen Kornfraktionen vor. Derartige Untersuchungen sind zu kosten- und zeitaufwendig, als daß sie bei zahlreichen Proben routinemäßig durchgeführt werden könnten. Man wird daher bei der Untersuchung von Bohrproben aus geologischen Erkundungsobjekten neben der Durchführung von Blähversuchen weiterhin hauptsächlich auf die Eignungsbeurteilung durch chemische Analysen und Kornanalysen angewiesen sein, die nach Möglichkeit durch halbquantitative Tonmineralanalysen und Bestimmungen der Quarzgehalte zu ergänzen sind.

Blähgasliefernde Reaktionen

Durch Erfahrung, thermodynamische Berechnungen (ONAZKI 1953; NIKITIN 1956) sowie auch durch Versuchsreihen mit Modellsubstanzen (ONAZKI 1953; ROSENBERGER 1964, 1967; BUTSCHKE 1965) wurde festgestellt, daß beim allergrößten Teil der Blähtone die Eisenoxidreduktion

$$Fe_3O_4 - 2\,FeO + {}^1/_2O_2$$

bzw. die Redoxreaktionen zwischen Eisenoxiden und organischer Substanz als hauptsächlichste Blähgasquellen anzusehen sind:

$$3\,Fe_2O_3 + C - 2\,Fe_3O_4 + CO$$
$$Fe_2O_4 + C - 3\,FeO + CO$$

oder

$$3\,Fe_2O_3 + CO - 2\,Fe_3O_4 + CO_2$$
$$Fe_3O_4 + CO - 3\,FeO + CO_2$$

Vorstehende Redoxreaktionen führen sowohl zur Lieferung von Blähgasen, tragen jedoch gleichzeitig zur Ausbildung einer Glasphase geeigneter Viskosität bei.

Das durch die obenangeführten Redoxreaktionen entstehende Eisen-II-Oxid reagiert mit SiO_2 unter Fayalitbildung:

$$2\,FeO + SiO_2 - 2\,FeO \cdot SiO_2 \quad \text{(kongr. Schmelzp. 1205 °C)}$$

Die Schmelzpunkte der Eutektika zwischen Fayalit und FeO bzw. SiO_2 liegen zwischen 1170° und 1180 °C (HAASE 1961, S. 117; KÜHL 1951, S. 78). Die entstehenden Eisensilikate sind infolge ihrer niedrigen Schmelzpunkte entscheidend an der Ausbildung des pyroplastischen Zustandes beteiligt.

Die Erweichungstemperatur der Tonmasse wird daher auf 1050—1100 °C herabgesetzt, womit die Fähigkeit der Hohlraumbildung mit nichtreißenden Stegen und Porenwandungen verbunden ist.

PAWLOW (1960) hat nachgewiesen, daß der Blähbeginn mit der Eisenoxidreduktion zusammenfällt, indem er in einem Diagramm die Blähkoeffizienten (Verhältnis der Volumina der Granalien nach und vor dem Blähen) der bei verschiedenen Temperaturstufen erhaltenen Blähprodukte in Abhängigkeit von den Fe_2O_3:FeO-Verhältnissen darstellte. Im Rohstoff soll das Verhältnis $Fe_2O_3 : FeO > 1$ sein.

Das vorstehend Gesagte schließt nicht aus, daß in Sonderfällen noch weitere blähgasliefernde Reaktionen auftreten können, z. B. bei Tonen mit bestimmter Mineralzusammensetzung bzw. auch bei extrem schneller Aufheizung auf Blähtemperatur. Diese Reaktionen sind jedoch gegenüber den vorstehenden Redoxreaktionen von untergeordneter Bedeutung. In Frage kommen:

Thermische Dissoziation von Karbonaten, insbesondere Calcit und Dolomit:

$$CaCO_3 - CaO + CO_2$$
$$CaO \cdot MgO \cdot (CO_2)_2 - CaO \cdot MgO + 2\,CO_2$$

Thermische Dissoziation von Sulfaten (Gips):

$$2\,CaSO_4 - 2\,CaO + 2\,SO_2 + O_2$$

In reduzierender Atmosphäre sowie bei Anwesenheit von SiO_2 und auch Fe_2O_3 wird die in oxidierender Atmosphäre bei nahezu 1400 °C liegende Dissoziationstemperatur stark herabgesetzt, so daß Gips bei bestimmter Tonzusammensetzung und unter geeigneten thermodynamischen Bedingungen zur Lieferung von Blähgasen beitragen kann.

Bei einer Reihe weiterer Reaktionen ist umstritten, ob diese unter technischen Bedingungen zur Expansion der Granalien beitragen können.

Bei der Vielzahl der in Tonen vorkommenden Minerale — vorstehend sind nur die wichtigsten aufgeführt — sowie bedingt durch die gegenseitige Beeinflussung sind die zahlreichen sich überlagernden Reaktionen in diesen Vielstoffsystemen oft von komplexer Natur. Es ist daher in diesem Beitrag nicht möglich, alle in Frage kommenden Kombinationen dieser komplexen Reaktionen, die zur Bildung von Blähgas beitragen können, zu behandeln. Es muß hier auf die ausführlichen Arbeiten von RILEY (1951), PICHA (1962), ROSENBERGER (1964, 1968), ONAZKI (1953), NIKITIN (1956), BUTSCHKE (1965), POLHARDT (1967), RAMACHANDRAN u. a. verwiesen werden.

Technologie zur Herstellung von Blähprodukten

Der Verlauf des Blähvorgangs kann durch Veränderung der technologischen Bedingungen, wie Aufheizgeschwindigkeit auf Blähtemperatur, Dauer der Wärmeeinwirkung (Aufenthalt in der Feuerzone), Abkühlgeschwindigkeit, die Art des Ofensystems (Drehöfen verschiedenster Ausführungen, Sinterband, Wirbelschichtverfahren, Brennen im freien Fall u. a.) sowie auch durch die Art der Aufbereitungs- und Formgebungsverfahren (Granulieren, Pressen durch die Lochscheibe einer Schneckenpresse u. a.) beeinflußt werden. Durch Auswahl bestimmter technologischer Bedingungen ist es für jeden Blähton möglich, die Eigenschaften der Blähprodukte innerhalb bestimmter Grenzen zu verändern. Eine Verbesserung der Blähfähigkeit bestimmter Tone kann durch Zusätze von organischer Substanz, Reduktionsmitteln, Eisen-III-haltigen Abfallstoffen und von anderen erreicht werden, was jedoch eine intensivere Aufbereitung erfordert.

Besonders im letzten Jahrzehnt sind zahlreiche Arbeiten erschienen, die sich mit den Fragen der Technologie zur Herstellung von Blähprodukten sowie deren betontechnologischer Anwendung befassen.

Hier sollen nur einige vorwiegend zusammenfassende Veröffentlichungen angeführt werden (Reinsdorf 1960; Hanke 1960; Rosenberger 1964, 1967; Bertoldi 1964; Chochel 1955; Haase 1961; Grosskopf 1965; Siemssen 1966).

Zusammenfassung

Einleitend wird auf die Perspektive der Porensinterproduktion aus Blähtonen in der DDR eingegangen.

Die erforderliche chemische und mineralogische Zusammensetzung sowie der Korngrößenaufbau der Blähtone werden behandelt, wobei die von einer Anzahl von Blähtonforschern aufgestellten Konditionen und Erfahrenswerte auf ihren Wert für die Eignungsbeurteilung der Blähtone kritisch untersucht wurden. Die Literaturangaben konnten durch eigene Erfahrungen ergänzt werden. Das technologische Verhalten der wichtigsten in Blähtonen vorkommenden Minerale, insbesondere ihr Einfluß auf gasliefernde Reaktionen sowie die Ausbildung einer Glasphase geeigneter Viskosität bei Blähtemperaturen — die Grundvoraussetzungen für das Blähen —, werden beschrieben. Tone mit höheren Kaolinitgehalten sind zum Blähen ungeeignet.

Die Reaktionen der Tonbestandteile, die beim Erhitzen zur Entstehung von Blähgasen beitragen, werden kurz behandelt. Es wird begründet, daß die Redoxreaktionen zwischen dreiwertigen Eisenverbindungen und organischer Substanz als hauptsächlichste Blähursache anzusehen sind, da hierbei im geeigneten Temperaturbereich von 1000 °C bis 1200 °C sowohl Blähgas entwickelt wird als auch eine Glasphase geeigneter Viskosität entsteht und sich diese Vorgänge in einem genügend großen Temperaturbereich überlagern. Es erfolgen Hinweise auf die technologischen Parameter, die die Eigenschaften der Blähprodukte beeinflussen.

Резюме

Во введении сообщается о перспективе производства пористого агломерата в ГДР из набухающих глин.

Рассматриваются требуемый химический, минералогический, а также фракционный состав набухающих глин, причем критически исследуются кондиции и опытные значения, составленные рядом исследователей по набухающим глинам, с целью их применения при оценке используемости набухающих глин. Литературные данные могли быть уточнены на личном опыте. Описываются технологическое поведение важнейших, встречающихся в набухающих глинах, минералов, особенно их влияние на газовыделяющую реакцию, а также образование стекловидной фазы подходящей вязкости при температурах набухания, которые являются основными предпосылками для набухания. Глины с более высоким содержанием каолинита являются неподходящими для набухания.

Коротко рассмат риваются реакции составных частей глин, которые способствуют возникновению газов набухания при нагревании. Обосновывается, что восстановительно-окислительные реакции между соединениями трехвалетного железа и органическим веществом нужно рассматривать как главнейшую причину набухания, поскольку при этом в соответствующем интервале температур от 1000 °C до 1200 °C образуется как газ набухания, так и стекловидная фаза подходящей вязкости, и эти процессы накладываются друг на друга в достаточно широком интервале температур. Даются указания по технологическим параметрам, которые оказывают влияние на свойства продуктов набухания.

Summary

Introductory remarks deal with the perspective of manufacturing porous sinter from expanded clays in the G. D. R.

Then the necessary chemical and mineralogical composition as well as the granulometry of expanded clays are discussed, with a critical examination of conditions and empirical values found by research workers to evaluate the suitability of the clays. Data mentioned in the literature could be completed by own experiences. Furthermore, a description is given of the technological behaviour of the most important minerals occurring in expanded clays, in particular in view of their influence on gas-supplying reactions and the formation of a glassy phase with a suitable viscosity in bloating temperatures which are a prerequisite for the bloating process. Clays having major contents of kaolinite are unsuited for bloating.

The reactions of the clay components contributing to the formation of bloating gases are briefly discussed. Reasons are given for the opinion that redox reactions between trivalent iron compounds and organic matter must be regarded as the most important cause of bloating, because in the appropriate temperature range 1000 °C to 1200 °C both bloating gas is developed and a glassy phase with a suitable viscosity is formed, and these processes are superposed in a sufficiently wide temperature range. Finally, informations are given on technological parameters influencing the properties of expanded clays.

Literatur

Albert, J.: Duzzasztott agyag Kavics. — Epitöanyag, S. 221, Budapest 1957.

Bertoldi, G.: Blähton und geblähte Produkte. — Euro-Keramik, 12, 272—280 (1964).

Butschke, E.: Beitrag zur Charakteristik grobkeramischer Rohstoffe aus dem Unteren Keuper des Thüringer Beckens. — Diss. Fak. f. Baustoffingenieurwesen Hochsch. f. Architektur und Bauwesen, Weimar 1965.

Chochel, B.: Ein Agglomerisationsverfahren zur Gewinnung von Keramsit. — Z. Baumaterialien, Fertigteile, Konstruktionen, Nr. 12, 4—6, Moskau 1955.

Fastabend & Ruyter: Untersuchungen über die Bläheigenschaften von Marschtonen. — T. I. Z. u. Keramische Rundsch., Nr. 22, 532—535 (1959).

Gerwids, I. A.: Jatscheistaja keramika. — Sb. CNIPS, Effektiwnaja stroitelnaja keramika. Gos. isd. lit. po stroit. i. architekture, 4—53, Moskwa 1953.

— Grundfragen der Technologie der Keramsitproduktion. — Z. Baumaterialien, Fertigteile und Konstruktionen, Nr. 10, 14—16, Moskau 1956.

Grosskopf, K.: Blähton ohne Drehofen mit Hilfe des Zirkulationsströmungsverfahrens und des Vibrationsverfahrens. — Tonind. u. Keramische Rundsch., Nr. 3/68, S. 114 (1965).

Haase, T.: Keramik. — 1. Aufl., S. 208ff., VEB dt. Verl. Wiss., Berlin 1961.

Hanke, H.: Die Technologie der neuen Blähtonwerke. — Silikattechnik, 7, 302—304 (1960).

Hill, R. D., & Crook: Untersuchungen an Tonen und Schiefern über die Ursachen des Blähens. — Austral. J. appl. Sci., 374—384 (1960).

Jasmund, K.: Die silikatischen Tonminerale. — 2. Aufl., Verl. Chemie, Weinheim (Bergstr.)

Krusel, L. E.: Gliny zapadnych oblstej UdSSR kak dlja proiswodstwa legkowisnych isdelij zapolnitelnej dlja betona. — Materialy sowestsdanija po isledowaniju glin. — S. 436—442 (1958).

Kühl, H.: Zementchemie. — Bd. II, Verl. Technik, Berlin 1951.

Nikitin, A.: Keramzit — nova lehka stavebni hmota. — Stavivo, sv. 34, c. 5, 165—171 (1956).

Onazki, S. P.: Keramzittowyi grawij Gos. isd. pro stroit. i. architekture (1953).

Pawlow, I.: Einfluß der Viskositätsänderung im Intervall von 800 bis 1200 °C auf das Sintern und Blähen leicht schmelzender Tone. — Steklo i keramika, Nr. 3 (1960).

Picha, F.: Geblähte Baustoffe. — Sbornik geologickych VED, rada TG svazek 1, Praha 1962.

Plaul, F.: Die Masseeigenschaften im Winklerdiagramm. — Silikattechnik, 10, 361—365 (1962).

Polhardt, H.: Untersuchung der Ursachen des Blähens geeigneter Tone bei Wärmebehandlung. — Abschlußber. Inst. angew. Miner. (1967).

RAMACHANDRAN, V. S., K. P. KACKER & S. P. GARG: Einwirkung von gasbildenden Stoffen auf die Quellfähigkeit von Illit und Montmorillonit.
REINSDORF, S.: Leichtbeton. – Bd. I, VEB Verl. Bauwesen, Berlin 1960.
RILEY, C. M.: Beziehungen zwischen den chemischen Eigenschaften und dem Blähen von Ton. – J. Amer. Ceram. Soc., 4, 121–128 (1951).
ROSENBERGER, H.: Abschlußbericht zum Forschungsauftrag Blähtone. – Unveröff. Ber. Inst. angew. Miner. (1964).
– Beitrag zum Blähen der Tone unter Berücksichtigung der Viskosität der Glasphase. – Dipl.-Arb. Bergakad. Freiberg, Inst. f. Silikathüttenkunde (1967).
SIEMSSEN, E. A.: Das SELAS-Verfahren zur Herstellung von Blähgranulat und seine Verwendung. – Ziegelindustrie, Nr. 11/12 (1966).
SOLONINKO, I. S.: Problema Issledowanija syrewych resursow, glin i slantschew mestoroshdenij U. d. S. S. R. dlja proizwodstwa legkowesnych stroitelnych materialow. – Sovestsdanije po issledowaniju i ispolso–waniju glin, izd. Lwowakowo univ. (1957).
STANZAK, W.: Porensinter – ein Zuschlagstoff für Leichtbeton. – Bauzeitung, S. 501–504 (1956).
TSCHERNJAK, Ja. N.: Über die physikalischen Grundlagen des Blähprozesses bei leichtschmelzendem Ton und Schaumglas. – Steklo i keramika, 15, 10, 25–28 (1958).
WILSON, H. S.: The British Clayworker. – 377–378 (1954).
Verf. unbek.: Das Blähen von tonigen und vulkanischen Gesteinen im Wirbelschichtverfahren. – Stoi. Mater., 9, 31–33, Moskau 1959.

Ein Rechenprogramm zur Auswertung von Richtungsmessungen mit geringer Streuung

HARALD LÜTZNER & RICHARD MAAZ, Jena

Einleitung

Für die statistische Auswertung von Richtungsmessungen wird — vor allem in der Tektonik und Sedimentologie — meist der graphische Weg benutzt. Für Messungen im dreidimensionalen Raum ist das SCHMIDTsche Netz das am häufigsten verwendete Hilfsmittel. Die Meßdaten werden (überwiegend) als Punkte in ein projiziertes Netz sphärischer Koordinaten eingetragen. Durch bestimmte manuelle Arbeitsgänge läßt sich eine Reihe von Transformationen durchführen. Schließlich werden die darstellenden Punkte nach ihrer Häufigkeit ausgezählt und Schwerpunkte oder auch Gürtel der Dichteverteilung bestimmt. Diese Arbeitsgänge sind sehr zeitaufwendig und ermüdend. Deshalb liegt es nahe, die graphisch-manuelle Datenverarbeitung nach Möglichkeit durch eine maschinelle zu ersetzen. Verschiedene Autoren (HERTWECK & KRÜCKEBERG 1962, 1963; KRAUSE & LÜHRS 1962; ADLER & PILGER 1968) haben die maschinelle Verarbeitung von Richtungsdaten in der Weise in Angriff genommen, daß sie traditionelle Gefügediagramme mit Hilfe von datenverarbeitenden Maschinen herstellten. Das hat den Vorteil, daß die visuelle Auswertung in gleicher Weise weitergeführt werden kann und daß das Verfahren an keine speziellen Punktverteilungen gebunden ist.

Im folgenden beschränken wir uns auf den Fall einer unimodalen Punkthäufung, die ein steilstehendes Achsen- oder Linearenbündel darstellt, in dem die überwiegende Mehrzahl der Elemente innerhalb eines Öffnungswinkels von 60° liegt. Dadurch wird im Vergleich zu anderen gefügeanalytischen Problemen die rechnerische Behandlung wesentlich vereinfacht. Der Weg über eine Diagrammdarstellung ist nicht notwendig und kann auf ausgewählte Proben zum Zweck einer visuellen Kontrolle oder einer anschaulichen Darstellung beschränkt werden.

Geologische Problemstellung

Das spezielle geologische Problem, von dem wir ausgingen, war die *C*-Achsen-Verteilung plattiger Gerölle in einem grobklastischen Sediment. Bei paläogeographischen Untersuchungen ist die Bestimmung der Schüttungsrichtung des abgelagerten Sedimentmaterials eine wesentliche Teilaufgabe. Man löst sie nach Möglichkeit durch eine direkte Rekonstruktion der Richtung des transportierenden Mediums an Hand von Gefügemerkmalen, die das strömende Medium dem Sediment aufgeprägt hat. In Sanden und Kiesen gelingt das durch die Auswertung des Anlagerungsgefüges der Sandkörner bzw. Gerölle.

Die Möglichkeit zu einer Auswertung des Anlagerungsgefüges ist aus empirischen Beobachtungen bereits lange bekannt. So beschreibt schon JOHNSON (1919) die als Dachziegellagerung (imbrication) bezeichnete Einkippung flacher Gerölle gegen die Fließrichtung des Wassers in rezenten Flußbetten und alten Kiesablagerungen. Später hat RICHTER (1932) damit begonnen, das Anlagerungsgefüge durch Messung der räumlichen Orientierung der Geröllachsen statistisch zu erfassen.

Die weitere Entwicklung der Methode hat zuletzt JOHANNSON (1965) geschildert. Er kommt zu dem Schluß, daß die Strömungsrichtung in fluviatilen Kiesen am sichersten aus der Einkippung der abgeplatteten Gerölle rekonstruiert werden kann (vgl. Abb. 1). Dagegen sind stenglige Gerölle, die ebenfalls bevorzugte Orientierung besitzen, parallel und/oder senkrecht zur Strömung eingeregelt. Die Gefügediagramme sind daher in vielen Fällen mehrdeutig. Beispiele für die Anwendung der Methode auf regionale Probleme gaben in letzter Zeit u. a. DZIEDZIC (1961), KATZUNG (1965) und LÜTZNER (1966).

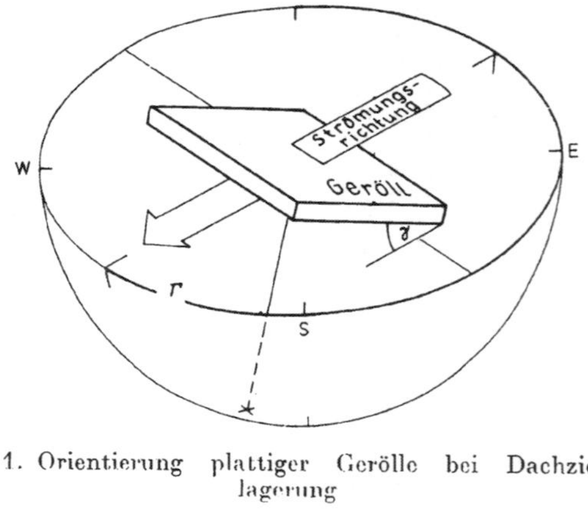

Abb. 1. Orientierung plattiger Gerölle bei Dachziegellagerung

Eingang des Manuskripts in der Redaktion: 20. 12. 1968.

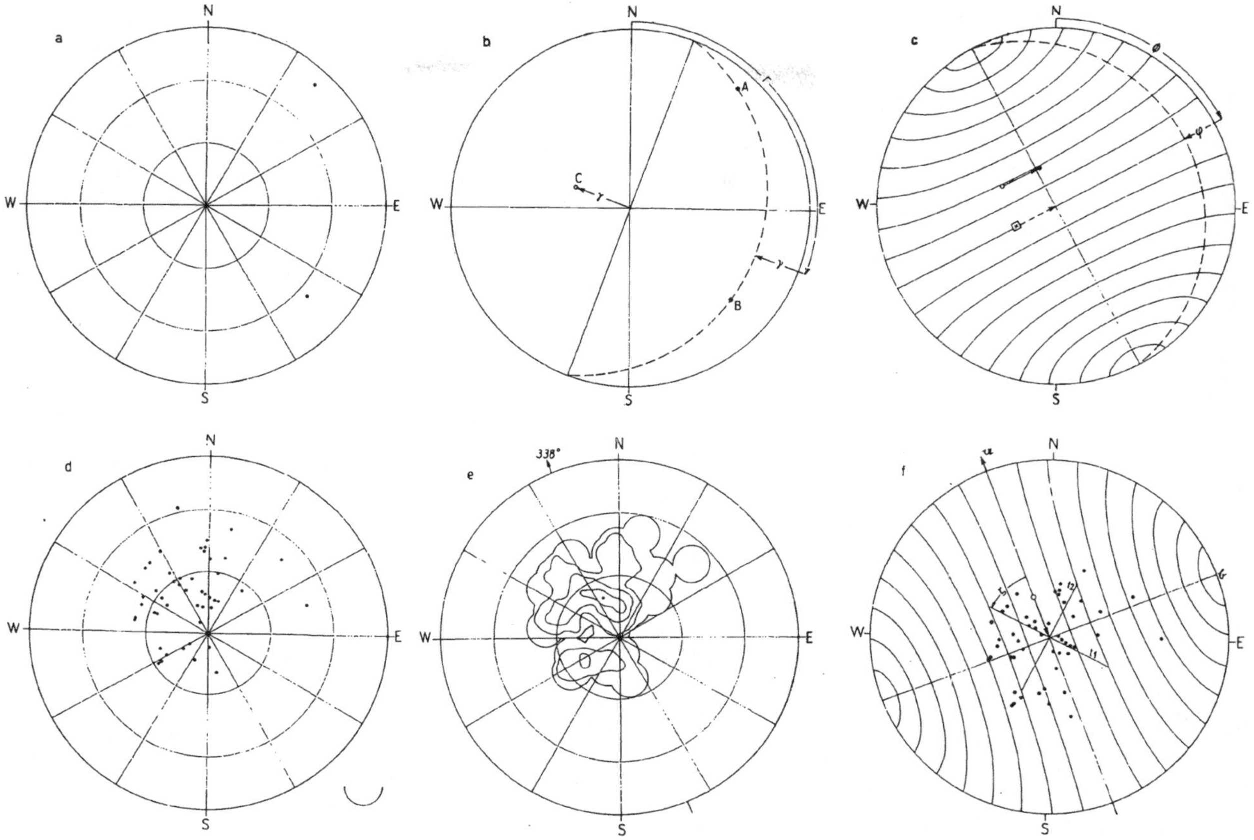

Abb. 2. Illustration der numerischen Lösung durch entsprechende Arbeitsgänge der graphisch-manuellen Lösung mit Hilfe des SCHMIDTschen Netzes

Die Orientierung plattiger Gerölle wird durch die Lage der C-Achse (kurze Hauptachse) ausreichend beschrieben. Praktisch kann diese Achse jedoch nur schwer und ungenau eingemessen werden. Ihre Lage bestimmt man als Normale der Abplattungsebene AB aus den Geröllachsen A (längster Durchmesser) und B (größter Durchmesser senkrecht zu A). Anstelle von A und B können auch zwei beliebige, annähernd senkrecht aufeinander stehende Achsen A' und B' in der Ebene AB eingemessen werden. Mit einem dafür eingerichteten Kompaß (LÜTZNER 1964) werden für jede Achse das Azimut der Horizontalprojektion und der Winkel zwischen Achse und Horizontalebene festgestellt.

Die Gerölle sind bei ausreichend dichter Geröllpackung (KALTERHERBERG 1956) flach gegen die Strömungsrichtung eingekippt. Bei der Darstellung von C-Achsen im SCHMIDTschen Netz ist also das Zentrum der Punkthäufung um einen geringen Winkel aus der Diagrammitte vorwärts dezentriert. Die Strömungsrichtung wird durch das Azimut eines Strahles geschätzt, der von der Diagrammitte durch das Maximum der Punkthäufung verläuft. Normalerweise haben die Diagramme in bezug auf diesen Strahl eine annähernd monokline Symmetrie.

Rechnerische Lösung

Im folgenden wird die rechnerische Lösung, deren mathematische Formulierung im Anhang zusammenfassend dargestellt ist, kurz beschrieben.

Ausgangsdaten sind die sphärischen Koordinaten A, α und B, β (Azimut und Fallwinkel der Geröllachsen A' und B' oder speziell A und B) sowie die Lagerung der Schichtung (Fallrichtung Φ, Fallwinkel φ).

Die Achsen werden als (Einheits-)Vektoren behandelt, die vom Mittelpunkt der Lagenkugel zum darstellenden Punkt an der Kugeloberfläche verlaufen. Die sphärischen Koordinaten der Vektoren (Azimut und Fallwinkel der Achsen) werden nach (1) in kartesische umgerechnet (Formeln siehe mathematischer Anhang). Durch Vektorrechnung (2) erhält man die Normale auf der Ebene AB. In der graphischen Lösung entspricht das dem Aufsuchen des gemeinsamen Großkreises der darstellenden Punkte A und B bzw. dessen Flächenpols (Abb. 2b).

Postsedimentäre (tektonische) Lageänderungen müssen vor der statistischen Auswertung ausgeschaltet werden. Das geschieht durch ein „Zurückdrehen" der Achsen um den Betrag des Fallwinkels, wobei die Streichrichtung als Drehachse dient. Graphisch wird diese Korrektur durch Wälzen der Lagenkugel gelöst (Abb. 2c). Die numerische Rechnung bezieht die Vektoren auf ein neues Koordinatensystem, das mit der Schichtung verbunden ist, d. h. durch (3) beziehen sich die neuen Koordinaten der Vektoren auf

die Fallrichtung als $\bar{1}$-Achse,
die Streichrichtung als $\bar{2}$-Achse,
die nach unten zeigende Schichtnormale als $\bar{3}$-Richtung.

In die Matrix (A_{ij}) der Formel (3) gehen Fallrichtung Φ und Fallwinkel φ ein.

Diese Form der Korrektur setzt voraus, daß die Schichtung bei der tektonischen Verstellung ausschließlich um eine horizontale Drehachse gekippt wurde. War die Drehachse nicht horizontal, dann führt die Korrektur nicht zu den ursprünglichen Werten zurück. Die Abweichungen sind jedoch gering, sofern die Neigung der Drehachse nicht sehr groß war. In gefalteten Serien kann das Einfallen der Faltenachsen für die Korrektur mit berücksichtigt werden (nähere Angaben z. B. bei PLESSMANN 1961).

Nachdem die Lagekorrektur für alle Elemente durchgeführt worden ist, liegt eine Stichprobe vor, aus der ein repräsentativer Zentralwert bestimmt werden soll. Graphisch wird das durch Auszählen der Punktdichten und visuelle Bestimmung des Dichtemittels erreicht (Abb. 2e). An seine Stelle tritt in der numerischen Lösung der Summenvektor.[1]) Vor der Addition erhalten die Vektoren durch (4) eine einheitliche Bezugsrichtung. Das entspricht im graphischen Verfahren der konventionellen Festlegung, daß das SCHMIDTsche Netz nur die untere Hälfte der Lagenkugel abbildet (Abb. 2d). Danach wird der Summenvektor gebildet (5). Sein normierter Betrag (6) ist ein Maß für die Zuverlässigkeit des Resultates bzw. für den Regelungsgrad des Anlagerungsgefüges (PINCUS 1956). Die beste Regelung läge dann vor, wenn alle Achsen die gleiche Richtung hätten. In diesem Fall beträgt $c^{(0)} = 1$. Nach der Normierung des Summenvektors können die kartesischen wieder in sphärische, auf geographisch Nord bezogene Koordinaten übergeführt werden (1).

Im Falle des Anlagerungsgefüges plattiger Gerölle ist das Azimut des Summenvektors die mit Hilfe der Stichprobe geschätzte Transportrichtung des Sediments. Das Komplement zum Fallwinkel gibt die mittlere Neigung der plattigen Gerölle an. Mit der Berechnung des Summenvektors (Transportrichtung) wird in vielen Fällen das Ziel der Auswertung erreicht sein. Die noch folgenden Rechenoperationen haben das Ziel, die Streuung innerhalb der Stichprobe, die im Gefügediagramm durch das Bild der Isopyknen beschrieben wird, durch numerische Parameter zu beschreiben. Dazu werden die Einzelvektoren auf den Summenvektor als 3-Achse bezogen (9). Führt man diese Operation analog im SCHMIDTschen Netz aus, dann entspricht das einem Wälzen des Diagramms um die $\mathfrak{b}$-Achse des Anlagerungsgefüges, bis das Dichtemaximum im Zentrum des Netzes liegt (Abb. 2f). Danach werden die Einzelvektoren auf die Tangentialebene der Einheitskugel im Punkt $P\,(\Gamma^{(0)}, \gamma^{(0)})$ durch Zentralprojektion übertragen (Abb. 3). Für die gewonnene Punkthäufung (10) in der Tangentialebene kann eine Normalverteilung angenommen werden, wenn die Einzelabweichungen vom Summenvektor einen Winkel von 30° nicht wesentlich übersteigen. Die Streuung (11) wird dann beschrieben durch die mittleren Fehler bzw. Streuungen s_1 und s_2 auf den Hauptachsen der Streuellipse um den Punkt $P\,(\Gamma^{(0)}, \gamma^{(0)})$. Kleine Werte von s_1 und s_2 entsprechen enggescharten Isopyknen und umgekehrt. Im Fall $s_1 = s_2$ liegt rotationssymmetrische Streuung vor. Ferner wird der Winkel ζ zwischen der $\mathfrak{a}$-Achse des Gefüges (Fließrichtung) und einer Achse der Streuellipse berechnet. In der Umgebung von $\zeta = 0$ und $\zeta = 90°$ ist das Gefügebild monoklin, um $\zeta = 45°$ besitzt es trikline Züge, besonders, wenn sich s_1 und s_2 stark unterscheiden. Die Streuellipse bzw. Verteilungsdichtefunktion kann auf die Lagenkugel rückübertragen werden (12). Für die in Abb. 2 dargestellte Stichprobe stimmen Summenvektor und Dichtemittel annähernd überein. Zur besseren Illustration sind in Abb. 2f die Achsen der Streuellipse in das Gefügediagramm eingetragen [t_1 und t_2 sind die nach (13) auf die Lagenkugel übertragenen mittleren Streuungen s_1 und s_2].

Programm

Der dargelegte Rechengang wurde im Rechenzentrum des VEB Carl Zeiss Jena von Dr. H. NADLER und W. SCHMIDT für den Rechenautomaten ZRA 1 programmiert.[2])

Fallwinkel und Fallrichtung der Achsen A und B bzw. A' und B' werden in der Reihenfolge

α_1	A_1	β_1	B_1
α_2	A_2	β_2	B_2
α_n	A_n	β_n	B_n

eingegeben. Die Lagerung der Schichtung wird durch die Fallrichtung Φ (gezählt von N über E) und den Fallwinkel φ ausgedrückt.

Als Ergebnis werden folgende Werte ausgegeben:

Γ_i, γ_i	— korrigierte sphärische Koordinaten der Achsen;
$\Gamma^{(0)}, \gamma^{(0)}$	— sphärische Koordinaten des Summenvektors;
$c^{(0)}$	— normierter Betrag des Summenvektors;
ζ	— Winkel zwischen $\mathfrak{a}$ und (im Gegenuhrzeigersinn) nächstliegender Achse der Streuellipse;
s_1, s_2	— Schätzwert der Streuung auf den Hauptachsen der Streuellipse um den Summenvektor.

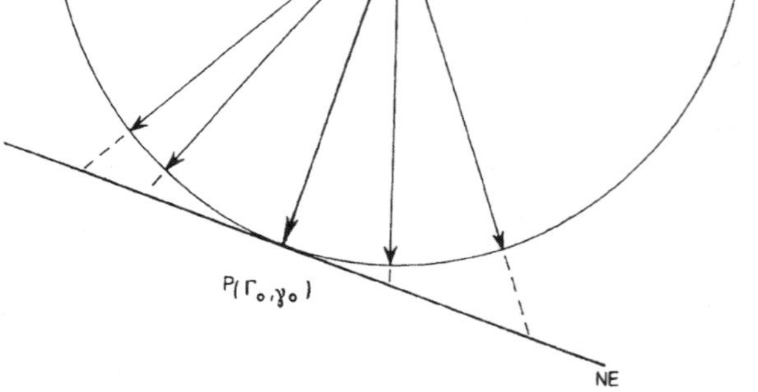

Abb. 3. Projektion der Einzelvektoren auf die Tangentialebene T

[1]) Die Anwendung des Summenvektors auf geologische Richtungsmessungen wird u. a. von OLSON & POTTER (1954), BRAITSCH (1956) und PINCUS (1956) empfohlen.

[2]) Nähere Informationen über das Programm sind durch das Geotektonische Institut der Deutschen Akademie der Wissenschaften zu Berlin, 108 Berlin, Otto-Nuschke-Straße 22/23, zu erhalten.

Zur Kontrolle wird ferner die Lagerung der Schichtung mit ausgedruckt. Alle Winkelangaben erfolgen in Altgrad. Die Ausgabe der einzelnen korrigierten Achsen (γ_i, Γ_i) kann ausgeschaltet werden.

Anwendungsmöglichkeiten

Es wurde bereits erwähnt, daß das Programm zunächst speziell für die Rekonstruktion der Transportrichtung von Sedimenten aus der Orientierung plattiger Gerölle aufgestellt wurde. Das Azimut des Summenvektors entspricht der gesuchten Strömungsrichtung.

Weiterhin kann das Programm für die Bestimmung der Transportrichtung aus Schrägschichtungsmessungen direkt angewendet werden. Die Verwendung des Summenvektors für diese Zielstellung haben REICHE 1938, OLSON & POTTER 1954, POTTER & SIEVER 1956, POTTER & PETTIJOHN 1963, STEINMETZ 1962 und andere Autoren befürwortet. An die Stelle der Geröllachsen A und B treten dann bei direkter Einmessung des Schrägschichtungsblattes:

$$A = \text{Streichrichtung}, \quad \alpha = 0, \quad B = \text{Fallrichtung}, \quad \beta = \text{Fallwinkel}.$$

Sehr bequem können auch indirekte Messungen als Ausgangsdaten dienen, insbesondere zwei Spuren des Schichtblattes auf orthogonalen Klüften oder künstlichen Anschnitten (in Lockersedimenten). Die Spuren werden wie ein Linear eingemessen.

Bei der Festlegung der Transportrichtung ist zu beachten, daß Dachziegellagerung und Schrägschichtung in bezug auf die Strömungsrichtung entgegengesetzt orientiert sind. Zum ausgedruckten Wert für $\Gamma^{(0)}$ sind also 180° zu addieren.

Weitere Anwendungsmöglichkeiten sind in der Tektonik gegeben. Schon BRAITSCH (1956) hat auf einige spezielle Probleme hingewiesen, für die der Summenvektor vorteilhaft als zentraler Wert einer unimodalen Punkthäufung verwendet werden kann. Inwieweit auch die statistische Beschreibung der Streuung direkt übernommen werden kann, muß von Fall zu Fall geprüft werden. Eine universelle Anwendungsmöglichkeit in der Gefügekunde besteht für den ersten Teil des Programms, der die Rotation von Punkten auf der Einheitskugel umfaßt.

Mathematische Grundlagen

$\mathfrak{S}$ — kartesisches Koordinatensystem, 1-Achse nach Norden, 2-Achse nach Osten, 3-Achse nach unten orientiert

d_i $(i = 1, 2, 3)$ — Koordinaten eines Vektors bezüglich $\mathfrak{S}$

δ, Δ — Fallwinkel und Azimut eines durch $d_i \neq 0$ bestimmten Linears,

$$\left.\begin{aligned} & 0 \leqq \delta \leqq \frac{\pi}{2}, \quad 0 \leqq \Delta < 2\pi \\ & \text{Für } d_i d_i = 1 \\ & \text{gilt} \\ & d_1 = \cos\delta\cos\Delta, \; d_2 = \cos\delta\sin\Delta, \; d_3 = \sin\delta \geqq 0. \end{aligned}\right\} \quad (1)$$

a'_i, b'_i seien aus α, A bzw. β, B gemäß (1) bestimmt.

$$\left.\begin{aligned} & c'_i \text{ — Normale von } a'_i \text{ und } b'_i, \\ & \qquad c'_i = \varepsilon_{ijk}\, a'_j b'_k \neq 0 \\ & c_i \text{ — normierte Normale,} \\ & \qquad c_i = \frac{c'_i}{\sqrt{c'_i c'_i}} \end{aligned}\right\} \quad (2)$$

E — Ebene der Schichtung (bzw. des Flußbettes) durch den Ursprung von $\mathfrak{S}$

$d_i^{(3)}$ — Normale von E

$\delta^{(3)}$, $\Delta^{(3)}$ — Fallwinkel und Azimut von $d_i^{(3)}$, also $\frac{\pi}{2} - \delta^{(3)}$ Neigung und $\pi + \Delta^{(3)}$ — Azimut der Fallrichtung von E.

$\bar{\mathfrak{S}}$ — neues kartesisches Koordinatensystem gemeinsamen Ursprungs mit $\mathfrak{S}$, $\bar{1}$-Achse in der Fallinie von E, $\bar{2}$-Achse in der Streichrichtung von E, $\bar{3}$-Achse in Richtung von $d_i^{(3)}$

$\bar{d}_i$ — Koordinaten des Vektors d_i bezüglich $\bar{\mathfrak{S}}$,

$$\bar{d}_j = A_{ij} d_i$$

Folgerung:

$$(A_{ij}) = \begin{pmatrix} -\sin\delta^{(3)}\cos\Delta^{(3)}, & \sin\Delta^{(3)}, & \cos\delta^{(3)}\cos\Delta^{(3)} \\ -\sin\delta^{(3)}\sin\Delta^{(3)}, & -\cos\Delta^{(3)}, & \cos\delta^{(3)}\sin\Delta^{(3)} \\ \cos\delta^{(3)}, & 0, & \sin\delta^{(3)} \end{pmatrix}$$

Transformation:

$$\bar{c}_j = A_{ij} c_i \qquad (3)$$

Praktisch gerechtfertigte Annahme:

$$\bar{c}_3 \neq 0$$

Umpolung aller $\bar{c}_i$ mit $\bar{c}_3 < 0$, so daß alle Vektoren

$$\tilde{c}_i = \bar{c}_i \operatorname{sgn} \bar{c}_3 \qquad (4)$$

nach unten zeigen.

ν, n — natürliche Zahlen, $\nu = 1\,(1)\,n$

$\tilde{c}_i^{(\nu)}$ — Einheitsvektor in Richtung der ν-ten C-Achse.

Gemittelter Summenvektor

$$\tilde{c}_i^{(0)} = \frac{1}{n} \sum_{\nu=1}^{n} \tilde{c}_i^{(\nu)} \qquad (5)$$

Normierter Betrag des Summenvektors

$$c^{(0)} = \left| \sqrt{\tilde{c}_i^{(0)} \tilde{c}_i^{(0)}} \right| \qquad (6)$$

Einheitsvektor in Richtung $\tilde{c}_i^{(0)}$:

$$\tilde{C}_i^{(0)} = \frac{\tilde{c}_i^{(0)}}{c^{(0)}} \qquad (7)$$

$\tilde{\Gamma}^{(0)}$, $\tilde{\gamma}^{(0)}$ — Fallwinkel und Azimut von $\tilde{C}_i^{(0)}$, Berechnung durch Umkehrung von (1).

$\tilde{\Gamma}^{(0)}$ — für das Anlagerungsgefüge plattiger Gerölle zugleich Azimut der Fließrichtung in E.

Rückführung von E durch Drehung um die Streichlinie mit dem Drehwinkel $-\delta^{(3)}$ ändert das Azimut der $\bar{1}$-Achse mit dem Wert $\pi + \Delta^{(3)}$ nicht.

$\Gamma^{(0)}$ — Azimut in $\mathfrak{S}$ der rückgeführten Fließrichtung,

$$\Gamma^{(0)} = \tilde{\Gamma}^{(0)} + \pi + \Delta^{(3)} \qquad (8)$$

$\bar{\bar{\mathfrak{S}}}$ — kartesisches Koordinatensystem gleichen Ursprungs wie $\mathfrak{S}$, $\bar{\bar{3}}$-Achse in Richtung des Schwerpunktvektors $\tilde{C}_i^{(0)}$, $\bar{\bar{1}}$-Achse möge dasselbe Azimut in E haben.

Folgerung:

$$(B_{ij}) = \begin{pmatrix} \sin\bar{\gamma}^{(0)} \cos\bar{\Gamma}^{(0)}, & -\sin\bar{\Gamma}^{(0)}, & \cos\bar{\gamma}^{(0)} \cos\bar{\Gamma}^{(0)} \\ \sin\bar{\gamma}^{(0)} \sin\bar{\Gamma}^{(0)}, & \cos\bar{\Gamma}^{(0)}, & \cos\bar{\gamma}^{(0)} \sin\bar{\Gamma}^{(0)} \\ -\cos\bar{\gamma}^{(0)}, & 0, & \sin\bar{\gamma}^{(0)} \end{pmatrix}$$

vermittelt die Transformation der Vektorkoordinaten vom System $\bar{\bar{\mathfrak{S}}}$ zum neuen System $\bar{\mathfrak{S}}$, also speziell

$$\bar{\bar{c}}_j^{(\nu)} = B_{ij}\, \bar{c}_i^{(\nu)} \qquad (9)$$

Verlängerung dieser Vektoren bis zur Tangentialebene T an die Lagenkugel:

$$\frac{1}{\bar{\bar{c}}_3^{(\nu)}} \left(\bar{\bar{c}}_1^{(\nu)}, \bar{\bar{c}}_2^{(\nu)}, \bar{\bar{c}}_3^{(\nu)}\right)$$

$\mathfrak{S}'$ — kartesisches Koordinatensystem in T, Ursprung im Berührungspunkt mit der Lagenkugel, 1'- und 2'-Achse parallel zur $\bar{\bar{1}}$- bzw. $\bar{\bar{2}}$-Achse.

$$x_\alpha^{(\nu)} = \frac{\bar{\bar{c}}_\alpha^{(\nu)}}{\bar{\bar{c}}_3^{(\nu)}}, \quad \alpha = 1{,}2, \qquad (10)$$

sind die Koordinaten der verlängerten Vektoren $\bar{\bar{c}}_i^{(\nu)}$ bezüglich $\mathfrak{S}'$.

Annahme: Die Punkte $x_\alpha^{(\nu)}$ sind in T normal verteilt.

Berechnung der Momente zweiter Ordnung

$$m_{rs} = \frac{1}{n} \sum_{\nu=1}^{n} (x_1^{(\nu)})^r (x_2^{(\nu)})^s, \quad r \geqq 0, \quad s \geqq 0, \quad r + s = 2$$

s_1, s_2 — Schätzwerte der Streuung in den Hauptachsen der Verteilung in T

ζ — Winkel der 1-Achse der Verteilung gegen die 1'-Achse von $\mathfrak{S}'$.

Es gilt

$$\left.\begin{aligned} \tan 2\zeta &= \frac{2 m_{11}}{m_{20} - m_{02}}, \\ s_1^2 &= m_{20} \cos^2\zeta + 2 m_{11} \cos\zeta \sin\zeta + m_{02} \sin^2\zeta, \\ s_2^2 &= m_{20} \sin^2\zeta - 2 m_{11} \cos\zeta \sin\zeta + m_{02} \cos^2\zeta. \end{aligned}\right\} \qquad (11)$$

ϑ — Polwinkel auf der Halbkugel mit dem Pol $\bar{C}_i^{(0)}$, $0 \leqq \vartheta \leqq \pi$

λ — zugehöriger Längenwinkel, $0 \leqq \lambda < 2\pi$, wobei die λ-Zählung bei der 1-Achse der Verteilung beginnt.

$w(\vartheta, \lambda)$ — Verteilungsdichtefunktion auf der Halbkugel als Rückübertragung der Normalverteilung auf T:

$$w(\vartheta, \lambda) = \frac{1}{2\pi s_1 s_2 \cos^3\vartheta} \exp\left[-\frac{1}{2}\left(\frac{\tan\vartheta \cos\lambda}{s_1}\right)^2 - \frac{1}{2}\left(\frac{\tan\vartheta \sin\lambda}{s_2}\right)^2\right] \qquad (12)$$

t_1, t_2 — sphärisch gemessene Hauptachsen der Streuellipse:

$$t_\alpha = \operatorname{arc} \tan s_\alpha, \quad \alpha = 1, 2 \qquad (13)$$

Zusammenfassung

Die Autoren geben in knapper und verständlicher Form Einblick in ein Rechenprogramm zur Auswertung von Richtungsmessungen von geringer Streuung, besonders im Hinblick auf die Transportanalyse von Sedimenten. Der Vorteil gegenüber allen derartigen bisher publizierten Verfahren liegt darin, daß auf den Umweg über die graphische Darstellung zur Ermittlung der Strömungsrichtung völlig verzichtet werden kann. Damit leisten die Autoren einen Beitrag zum Fragenkreis „elektronische Verarbeitung geologischer Daten".

Резюме

Авторы в краткой и понятной форме ознакомляют с программой обработки азимутов направлений с малой дисперсией, особенно относительно транспорта седиментов. Преимущество по сравнению со всеми ранее опубликованными методами состоит в том, что для нахождения направления течения не требуется графического изображения. Этим авторы внесли ценный вклад в проблему „Обработка геологических данных на ЭВМ".

Summary

A concise and intelligible review is given of a computing programme for evaluating directional measurements with a small scattering, in particular with respect to the transport analysis of sediments. Contrary to all such methods so far published, there is an advantage in that the detour of a graphical representation for determining the direction of flow can completely be abandoned. Thus the authors give a contribution toproblems associated with "electronic processing of geological data."

Literatur

ADLER, R. E., & A. PILGER: Elektronische Statistik, ein Hilfsmittel der modernen Tektonik. — Int. Geol. Congr., Rep. 21st sess., Czechoslovakia 1968, **13**, 195—209, Prague 1968.

BRAITSCH, O.: Quantitative Auswertung einfacher Gefügediagramme. — Heidelberger Beitr. Mineral. Petrogr., **5**, 210—226, Heidelberg 1956.

DZIEDZIC, K.: Utwory dolnopermskie w niecce środsudeckiej (Lower Permian of the Intra Sudetic basin). — Studia geol. polon., **6**, Warszawa 1961.

FISHER, R. A.: Dispersion on a sphere. — Proc. Royal soc. London, ser. A, **217**, 296—305, London 1953.

HERTWECK, G., & F. KRÜCKEBERG: Die statistische Auszählung von Gefügediagrammen durch elektronische Rechenanlagen. — Anz. Österr. Akad. Wiss., math.-nat. Kl. (1962), 9, 137—141, Wien 1962.

— Die Behandlung von Gefügediagrammen durch elektronische Rechenanlagen, I. — N. Jahrb. Geol. Paläont., Mh. (1963), 2, 86—98, Stuttgart 1963.

JOHANNSON, C. E.: Structural studies of sedimentary deposits. — Geol. Fören. Förhandl., **87**, 3—61, Stockholm 1965.

JOHNSON, W. A.: Imbricated structure in river gravels. — Am. Jour. Sci., 5th ser., **4**, 387—390 (1922).

KALTERHERBERG, J.: Über Anlagerungsgefüge in grobklastischen Sedimenten. — N. Jahrb. Geol. Paläont., Abh., **104**, 30—57, Stuttgart 1957 (Sonderdruck 1956).

KATZUNG, G.: Die Stellung des Konglomerats von Fehrenbach im Unteren Perm Thüringens. — Diss., Jena 1965.

KRAUSE, H. F., & J. G. LÜHRS: Vorläufige Mitteilung über statistische Auswertung von Gefügedaten mit Hilfe elektronischer Rechenanlagen. — Bergbauwiss., **9**, 190—194 (1962).

LÜTZNER, H.: Eine einfache Kompaßergänzung zum Einmessen von Geröllachsen. — Z. angew. Geol., **10**, 155—167, Berlin 1964.

— Fazies und Transportrichtung im Oberrotliegenden von Elgersburg (Thüringer Wald). — Ber. deutsch. Ges. geol. Wiss., A, **11**, 137—160, Berlin 1966.

OLSON, J. S., & P. E. POTTER: Variance components of cross-bedding direction in some basal Pennsylvanian sandstones of the Eastern Interior Basin: statistical methods. — Jour. Geol., **62**, 26—49, Chicago 1954.

PINCUS, H. J.: Some vector and arithmetic operation variates, with application to geological data. — Jour. Geol., **64**, 533—557, Chicago 1956.

PLESSMANN, W.: Strömungsmarken in klastischen Sedimenten und ihre geologische Auswertung (Untersuchungsergebnisse im Oberharzer Kulm und westalpinen Flyschbecken von San Remo). — Geol. Jb., **78**, 503 bis 566, Hannover 1961.

POTTER, P. E., & R. SIEVER: Sources of basal Pennsylvanian sediments in the Eastern Interior Basin. — Jour. Geol., **64**, 225—244, Chicago 1956.

REICHE, P.: An analysis of cross-lamination. The Coconino sandstone. — Jour. Geol., **46**, 905—932, Chicago 1938.

RICHTER, K.: Die Bewegungsrichtung des Inlandeises rekonstruiert aus den Gekritzen und Längsachsen der Geschiebe. — Ztschr. Geschiebeforsch., 8, 62—66 (1932).

STEINMETZ, R.: Analysis of vectorial data. — Journ. Sed. Petr., **32**, 801 bis 812, Menasha (Wisc.) 1962.

WATSON, G. S.: The statistics of orientation data. — Jour. Geol., **74**, Chicago 1966.

Zeitschrift für angewandte Geologie, Bd. 15 (1969), Heft 5

Varianzanalyse und Duncan-Test zur Gliederung von gruppierten Daten

Dargestellt am Beispiel geochemischer Daten von Sedimentgesteinen

HANNES THIERGÄRTNER & ILSE KOCH, Berlin

(Mitteilung aus dem Zentralen Geologischen Institut, Berlin)

1. Geologische Aufgabenstellung

Im Rahmen eines geochemischen Untersuchungsprogramms sollten mit Hilfe neuer Daten die Erkenntnisse über paläogeographische Verhältnisse während der Sedimentation in einem größeren Ablagerungsgebiet präzisiert werden. Die Ergebnisse regionalgeologischer Vergleiche und biofazieller Untersuchungen in einem stratigraphischen Horizont sind dabei durch geochemisch-fazielle Analysen zu ergänzen. Es bestand die Aufgabe, faziell unterschiedliche Gebiete näher zu bestimmen und zu umgrenzen, um daraus Aussagen über Bildungsbedingungen wie Redoxverhältnisse, Salinität, relative Wassertiefen usw. zu gewinnen.

Der untersuchte Schichtkomplex weist in seiner petrographischen Ausbildung nur geringfügige Differenzierungen in vertikaler und horizontaler Richtung auf. Nach paläontologischen und lithologischen Erkenntnissen erfolgte die Ablagerung der Sedimente in einem Flachmeer, in dem sich Beckenteile unterschiedlicher Tiefe und faunistischer Lebensbedingungen ausweisen lassen.

Das Ausscheiden und Umgrenzen von Gebieten unterschiedlicher geochemischer Ausbildung erfolgte gewöhnlich durch die Diskussion graphischer Darstellungen. Bei größeren Datenmengen bestehen dabei Schwierigkeiten. Die Interpretation ist nicht immer eindeutig und unterliegt subjektiv dem Erfahrungsschatz des Bearbeiters. Das folgende Beispiel soll zeigen, daß mit Hilfe der Varianzanalyse und des DUNCAN-Tests Entscheidungen darüber, ob eine gruppierte Datenmenge geochemische Unterschiede aufweist oder nicht, eindeutig getroffen werden können.

2. Ausgangsdaten und ihre Richtigkeit und Genauigkeit

Aus sechs Aufschlußpunkten (A, B, C, D, E, F) eines stratigraphischen Horizonts wurden je 11 bis 27 Proben auf den Gehalt an organischem Kohlenstoff, Bor, Chrom und Vanadium hin analysiert. Die Proben wurden in etwa gleichen Abständen entnommen und sind auf Grund der lithofaziellen Ausbildung der Gesteine als repräsentativ für die durchteuften Schichten anzusehen.

Da alle Proben nach jeweils der gleichen Methode analysiert wurden und nicht die Absolutgehalte der chemischen Elemente, sondern die Unterschiede zwischen den Bohrungen interessieren, wurde die Richtigkeit der analytischen Bestimmungen nicht untersucht.

Nach der Formel

$$v = \frac{\sum_{f=1}^{u} (x_{1f} + x_{2f})}{2u} \sqrt{\frac{1}{2u} \sum_{f=1}^{u} (x_{1f} - x_{2f})^2} \cdot 100$$

wurde an allen Doppelbestimmungen für Bor, Chrom und Vanadium der relative zufällige Fehler (v in %) ermittelt (Symbole siehe Abschnitt 6). Unterschiedlich für Gehaltsbereiche und die chemischen Elemente ergab sich eine durchschnittliche Genauigkeit von 11 bis 18% relativ (Tab. 1). Zur Berechnung wurden zwar die Gehaltswerte auf halbe (B, V) bzw. ganze Einheiten (Cr) gerundet, doch für die Mittelwertvergleiche wurde in Übereinstimmung mit dem Analysenfehler eine generelle Rundung der Gehaltswerte auf eine Einheit gewählt. Die Genauigkeit der Kohlenstoffanalysen von etwa 1% relativ erforderte keine Rundung.

Tab. 1. Genauigkeit der analytischen Bestimmungen für $P = 68\%$

chemisches Element	Gehaltsbereich	relativer Fehler	u
	in Einheiten	in Prozent	
$C_{(org.)}$	ca. 10	ca. 1	
B*	2 ··· 10	17,5	10
	10 ··· 30	11,1	35
V*	2 ··· 10	15,7	17
	10 ··· 30	12,0	36
Cr*	1 ··· 4	12,5	22
	4 ··· 15	13,3	40

* bestimmt an u Doppelbestimmungen aus den Daten einer Bohrung

3. Methodik der statistischen Untersuchung

Das auszuwählende statistische Modell zur Lösung der Aufgabe gründete sich auf zwei Annahmen:

a) Zwischen den Mittelwerten der jeweiligen Gehaltswerte in den Bohrungen bestehen gesicherte Unterschiede.

b) Die Unterschiede zwischen den Mittelwerten werden durch mehr als einen geologischen Faktor verursacht. Als Faktoren wurden zuerst betrachtet:

1. örtlich begrenzt wirksame, zeitlich sich verändernde Bildungsbedingungen innerhalb einer Bohrung (sie wurden im Zusammenhang mit dem regionalgeochemischen Studium als zufällig betrachtet);

2. während der gesamten Sedimentation zwischen den Lokalitäten der Bohrungen existente regionale Differenzen, deren Auswirkung untersucht wurde.

In Übereinstimmung damit mußte ein statistisches Testverfahren gewählt werden, das mehrfache Mittelwertvergleiche bei einfacher Klassifikation für den unbalancierten Fall, d. h. unterschiedliche Probenanzahl in den Bohrungen, ermöglichte. Um eine dem Problem entsprechende Wahrscheinlichkeit der Aussagen zu erzielen, gelangte aus einer Reihe sich anbietender Verfahren der DUNCAN-Test zur Anwendung, dem eine Varianzanalyse vorangestellt wurde.

Eingang des Manuskripts in der Redaktion: 29. 11. 1968.

Die Varianzanalyse diente dazu, die Varianz der chemischen Elemente für jeden Aufschluß in einen Anteil „innerhalb der Bohrungen" und einen solchen „zwischen den Bohrungen" zu zerlegen nach dem Schema:

Varianz	Varianz	Freiheitsgrade	mittleres Quadrat
total	$SQT = \sum_{i=1}^{n} (x_i - \bar{x})^2$	$n-1$	$s_t^2 = \frac{SQT}{n-1}$
zwischen Bohrungen	$SQZ = \sum_{j=1}^{m} (\bar{x}_j - \bar{x})^2$	$m-1$	$s_{zw}^2 = \frac{SQZ}{m-1}$
innerhalb Bohrungen	$SQI = \sum_{j=1}^{m} \sum_{t=1}^{r} (x_{jt} - \bar{x}_j)^2$	$n-m$	$s_{in}^2 = \frac{SQI}{n-m}$

Die Quadratwurzel aus dem mittleren Quadrat „innerhalb Bohrungen" ist die mittlere Abweichung s_{in}; sie wird für den DUNCAN-Test benötigt.

Für jede Bohrung wurden die arithmetischen Mittel der Gehaltswerte bestimmt. Zwischen allen Bohrungen wurden die Differenzen der Mittelwerte gebildet und mit Hilfe des DUNCAN-Tests auf Signifikanz geprüft. Eine solche Mittelwertdifferenz zwischen den Aufschlüssen G und H ist signifikant, d. h. beruht tatsächlich auf regionalgeochemischen Unterschieden, wenn folgende Bedingung erfüllt ist:

$$|\bar{x}_G - \bar{x}_H| > s_{in}\, q(\alpha, p, FG) \sqrt{\frac{n_G + n_H}{2 n_G n_H}}$$

Auf der rechten Seite der Ungleichung steht der Ausdruck für die kleinsten signifikanten Variationsbreiten. Ist die Bedingung nicht erfüllt, so lassen sich keine signifikanten Mittelwertdifferenzen nachweisen, d. h., die Unterschiede sind zufälliger Natur oder zu gering, um an Hand der untersuchten Stichproben als signifikant erkannt zu werden.

Die Analyse (einfache Klassifikation) wurde mit Hilfe eines Programms auf dem Rechenautomaten Cellatron SER 2c berechnet.

Die Aussagefähigkeit der Untersuchung der Mittelwertdifferenzen wird verbessert, wenn die zwischen größeren Teilgebieten herrschenden Unterschiede während der Sedimentation als dritte Variationsursache betrachtet werden. In diesem Fall ist eine zweistufige hierarchische Klassifikation für den unbalancierten Fall anzuwenden. Das Beobachtungsmaterial wird für die Analyse gruppiert, wie es Abb. 1 zeigt.

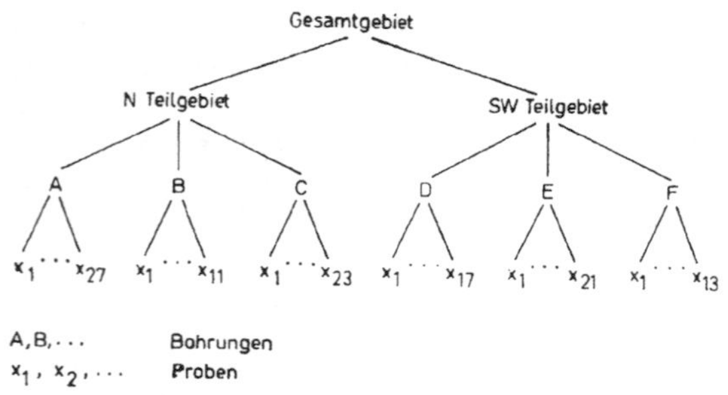

Abb. 1. Schema der zweistufigen hierarchischen Klassifikation der Daten aus sechs Bohrungen

Bei der rechnerischen Ausführung kommt das einer Aufspaltung der Varianzen „zwischen den Bohrungen" in solche „zwischen beiden Teilgebieten" und „innerhalb der Teilgebiete" nach folgendem Schema gleich:

Varianz	Varianz	Freiheitsgrade	mittleres Quadrat
zwischen Bohrungen	$SQZ = \sum_{j=1}^{m} (\bar{x}_j - \bar{x})^2$	$m-1$	$s_{zw}^2 = \frac{SQZ}{m-1}$
zwischen Teilgebieten	$SQZg = \sum_{k=1}^{2} (\bar{x}_k - \bar{x})^2$	1	$s_{zwg}^2 = \frac{SQZg}{1}$
innerhalb Teilgebieten	$SQZi = \sum_{j=1}^{m} \sum_{k=1}^{2} (\bar{x}_j - \bar{x}_k)^2$	$m-2$	$s_{zwi}^2 = \frac{SQZi}{m-2}$

Da nur zwei Teilgebiete vorliegen, wird die Signifikanz der Differenzen ihrer Mittelwerte mit Hilfe des F-Tests nach FISHER geprüft. Signifikanz liegt vor, wenn folgende Ungleichung erfüllt ist:

$$\frac{s_{zwg}^2}{s_{zwi}^2} > F(\alpha, FG_1, FG_2)$$

In der Deutung besteht also kein prinzipieller Unterschied zum DUNCAN-Test.

4. Ergebnisse des Mittelwertvergleichs

Der paarweise Vergleich der Mittelwerte der Gehalte in den Sedimentgesteinen der Bohrungen ergab folgendes:

Bei einer Irrtumswahrscheinlichkeit von 10% und Zugrundelegung der verwendeten Ausgangsdaten sind die in Tab. 2 unterstrichenen Mittelwertdifferenzen nicht als signifikant zu beurteilen. Jeweils zwischen einer Reihe von Lokalitäten bestehen aber bedeutende geochemisch-fazielle Unterschiede im Untersuchungsgebiet. Sie sind wesentlich stärker ausgeprägt als die Differenzen zwischen den einzelnen Phasen der Sedimentation in zeitlicher Folge. Es ist deshalb gerechtfertigt, an Hand der vier Komponenten geochemisch-fazielle Karten zu konstruieren und Gebiete verringerten bzw. erhöhten Spurenelementgehalts auszugliedern (Abb. 2). Für die Darstellung wurden sämtliche Gehaltswerte transformiert und in Einheiten ausgedrückt.

In den Isolinienkarten für die Kohlenstoff- und Vanadiumgehalte ließen sich jeweils durch drei Aufschlüsse (A, B, C bzw. D, E, F) belegte Gebiete höherer bzw. geringerer Gehalte abtrennen. Als Trennlinie wurde die Linie des mittleren Gehalts aus allen Einzelwerten gewählt. Sie verläuft etwa ESE—WNW.

Aus dem Vergleich der Mittelwerte der Komponenten bei der genannten Gruppierung läßt sich ableiten, daß sich die Teilgebiete für Kohlenstoff und Vanadium signifikant unterscheiden (Irrtumswahrscheinlichkeit 10%).

Für Bor und Chrom ließen sich signifikante Differenzen zwischen denselben Teilgebieten nicht auffinden. Diese Elemente verhalten sich anders als Kohlenstoff und Vanadium. Um für sie die auf Grund der Karte aus-

Zeitschrift für angewandte Geologie, Bd. 15 (1969), Heft 5

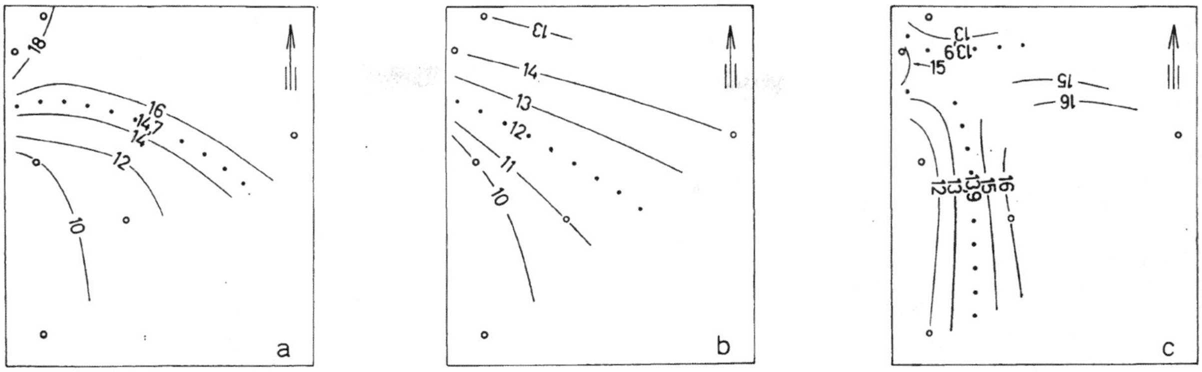

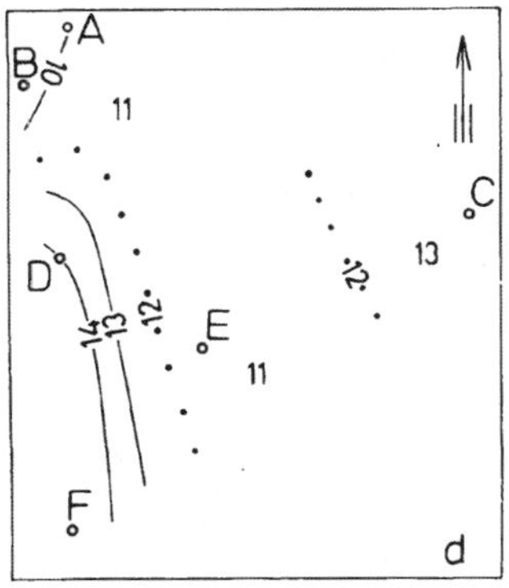

Abb. 2. Geochemisch-fazielle Verbreitung chemischer Elemente in einem stratigraphischen Horizont

a — C_{org}, b — V, c — B, d — Cr (in Einheiten)

Kreise — ungefähre Lage der Bohrungen, punktiert — Isolinien des arithmetischen Mittels aller Gehaltswerte, die signifikant verschiedene Teilgebiete trennen

geschiedenen Teilgebiete hoher bzw. niedriger Gehaltswerte zu bestätigen, wurden jeweils andere Aufschlüsse zu einem Gebiet vereinigt, und zwar A, D und F als Gebiet geringen Borgehalts, das eine N—S streichende Zone im Westen des Kartenblattes aufbaut. Diese Zone unterscheidet sich gemäß dem Test signifikant von einer Zone höheren Borgehalts, die etwa ESE—WNW streicht.

Etwa ähnliche Verhältnisse werden vom Chrom angezeigt. Hier trennt ein Gebiet geringen Gehalts, das SSE—NNW streicht und die Aufschlüsse A, B und E einschließt, das Gesamtgebiet signifikant so, daß im NE und im SW je ein Bereich maximaler Chromgehalte auszuscheiden ist.

5. Interpretation

Die Ergebnisse können wie folgt interpretiert werden: Die gesicherte Zunahme der organischen Substanz und parallel dazu des Vanadiums in etwa NE-Richtung reflektiert eine Zunahme der reduzierenden Bedingungen, d. h., Durchlüftung des Wassers und Wasserbewegung nehmen ab. Eine ähnliche Aussage konnte von anderen Bearbeitern an Hand regionaler Vergleiche und lithologischer sowie paläontologischer Untersuchungen erhalten und damit bestätigt werden. Die konkrete Form der Isolinien entspricht sicher nicht exakt den wahren Verhältnissen, weil zu wenig Aufschlußpunkte vorliegen.

Entsprechend der etwa homogenen Gesteinsausbildung im gesamten Untersuchungsgebiet schienen die

Tab. 2. DUNCAN-Test für die Bohrungen A bis F (statistische Sicherheit 90%)

$C_{(org.)}$

Bohrung	n		D	E	C	A	B
			17	21	23	27	11
		Gehalt	9,5	11,0	17,6	18,8	20,2
F	13	9,2	0,3	1,7	8,4	9,6	11,0
D	17	9,5		1,5	8,2	9,3	10,7
E	21	11,0			6,7	7,8	9,2
C	23	17,6				1,1	3,5
A	27	18,8					1,4

Vanadium

Bohrung	n		D	E	A	C	B
			17	21	27	23	11
		Gehalt	10	11	13	14	14
F	13	9	1	2	4	5	5
D	17	10		1	3	4	4
E	21	11			2	3	3
A	27	13				1	1
C	23	14					0

Bor

Bohrung	n		A	F	E	B	C
			27	11	21	11	23
		Gehalt	12	12	16	16	17
D	17	11	1	1	5	5	6
A	27	12		0	4	4	5
F	11	12			4	4	5
E	21	16				0	1
B	11	16					1

Chrom

Bohrung	n		A	E	C	D	F
			27	21	23	17	13
		Gehalt	10	11	13	14	15
B	11	9	1	2	4	5	6
A	27	10		1	3	4	5
E	21	11			2	3	4
C	23	13				1	2
D	17	14					1

Voraussetzungen gegeben, das Bor als Salinitätsanzeiger benutzen zu können. Aus dem Verlauf der Isolinien und der Varianzanalyse können Gebiete mit signifikant unterschiedlich marinen Verhältnissen ausgeschieden werden. Im Süden und im Norden befinden sich zwei Gebiete geringerer Salinität, die einem nordwestlich gelegenen und je einem östlich und südöstlich gelegenen, höher marinen Gebiet gegenüberstehen. Eine Verbindung der etwa ESE—WNW streichenden Zone höherer Borgehalte bzw. der S—E streichenden Zone geringerer Gehalte scheint nicht gegeben. Die Teilgebiete können als flachere bzw. tiefere Beckenteile des Sedimentationsraumes interpretiert werden.

Das Chrom ist ein weiteres chemisches Element, das häufig zur Ermittlung fazieller Bedingungen benutzt wird. Es wird adsorptiv an Tonteilchen gebunden und nimmt mit zunehmender Entfernung des Bildungsortes vom Ufer ab. Außerdem reagiert es stärker als das Vanadium auf pH-Änderungen im Meerwasser und spiegelt daher die Verhältnisse etwas differenzierter wider. In unserm Beispiel verhält es sich zum Bor etwa entgegengesetzt. Die Zone geringer Borgehalte deutet erhöhte Chromwerte an. (Mit Hilfe einer Korrelationsanalyse könnte das genauer überprüft werden.) Es ergeben sich dabei geringfügige Verschiebungen zwischen einzelnen Aufschlußpunkten, die durch Übergangsbedingungen hervorgerufen sein können. Sie verändern nicht das generelle Bild und bestätigen die vorangegangenen Aussagen.

Dem Direktor des Zentralen Geologischen Instituts, Berlin, danken wir aufrichtig für die Förderung der Arbeit und die Genehmigung zur Publikation.

6. Verwendete Symbole

x_{gf} — Einzelanalyse der Fehlerbestimmung,
x — Einzelwert der Probe,
$\bar{x}_j$ — Mittelwert aus allen Einzelwerten der j. Bohrung (j = 1 ... m),
$\bar{x}_k$ — ,, ,, ,, ,, des k. Gebietes (k = 1,2),
$\bar{x}$ — ,, ,, ,, ,, des Gesamtgebiets,
$\bar{x}_G$ — ,, ,, ,, ,, des Aufschlusses G,
n_G oder t — Zahl der Einzelwerte aus Aufschluß G (t = 1 ... r),
n — Zahl aller i Einzelwerte des Gesamtgebiets,
m — Zahl aller j Aufschlüsse des Gesamtgebiets,
u — Zahl der f Doppelbestimmungen ($f = 1 \ldots u$),
α — Irrtumswahrscheinlichkeit,
P — Sicherheitswahrscheinlichkeit,
FG — Zahl der zur Varianz s^2_{in} gehörenden Freiheitsgrade,
FG_1; FG_2 — Zahl der zur größeren bzw. kleineren Varianz gehörenden Freiheitsgrade beim F-Test,
p — um 2 vergrößerte Zahl der Aufschlüsse, die in der geordneten Reihe aller $\bar{x}_j$ zwischen $\bar{x}_G$ und $\bar{x}_H$ stehen

Zusammenfassung

Die Gehaltswerte von Bor, Chrom, Vanadium und organischem Kohlenstoff wurden in einem petrographisch etwa homogen ausgebildeten Schichtkomplex an sechs Aufschlußpunkten analysiert. Durch Einsatz der Varianzanalyse mit anschließendem DUNCAN- und F-Test wurden innerhalb des Gesamtgebietes Teilgebiete ausgeschieden, die sich geochemisch signifikant unterscheiden. Dabei fallen die Ergebnisse der Analysen an den vier Komponenten jeweils unterschiedlich aus. Indem die chemischen Elemente als Indikatoren für bestimmte Bildungsbedingungen betrachtet werden, ist eine Interpretation in paläogeographischer Hinsicht möglich.

Резюме

Содержания бора, хрома, ванадия и органического углерода анализировались на пробах из шести обнажений петрографически однородного комплекса. При помощи анализа вариантности и последующего применения метода ДУНКАНА и метода ФИШЕРА удалось выделить внутри общей территории частные участки, которые особенно выделяются в геохимическом отношении. При этом отличаются друг от друга результаты анализов названных четырех компонентов. Поскольку геохимические элементы рассматриваются как индикаторы определенных условий образования, возможна палеогеографическая интерпретация.

Summary

Values for the content of boron, chromium, vanadium and organic carbon were analysed in six points of exposure of a sedimentary complex approximately developed homogeneously from a petrographical point of view. Partial areas geochemically being distinguished significantly within the total area were eliminated by means of the variance analysis and were followed by the DUNCAN and F tests. The analytical results turn out differently for the four components and can be interpreted palaeogeographically when considering the chemical elements as indicators for definite conditions of formation.

Die Molybdänlagerstätten des Cerro Asperezas, Sierra de Córdoba, Argentinien

NESTOR HILLAR, Córdoba, & ERWIN KITTL, Castelar

Im mittleren Teil der Sierra Alta von Córdoba, der Sierra de Comechingones, tritt der langgestreckte Granitkörper dieser Sierren zutage. Die Zone des Cerro Aspero, einer der Bergspitzen, befindet sich 54 km westlich von Berrotaran und Elena, Dörfern, die an der Bahnlinie Córdoba—Rio Cuarto und südlich des hochgelegenen Beckens von Calamuchita mit dem Stausee des Rio Tercero liegen (Abb. 1).

In letzter Zeit hat N. HILLAR speziell die Molybdänlagerstätten dieser Zone untersucht, deren Ausbeutung begonnen wurde. Molybdänlagerstätten sind in Argentinien von verschiedenen Orten bekannt: In Chita und Bauchaceta, in der Kordillere von Olivares in San Juna befinden sich Gänge von Molybdänit mit Quarz und Beryll. Die große Höhe von mehr als 4000 m NN und die nicht sehr große Ausdehnung der Gänge haben bisher zu keinem Abbau geführt. Lagerstätten von La Rioja, wie z. B. Los Coloraditos, an der West-

Eingang des Manuskripts in der Redaktion: 1. 10. 1968.

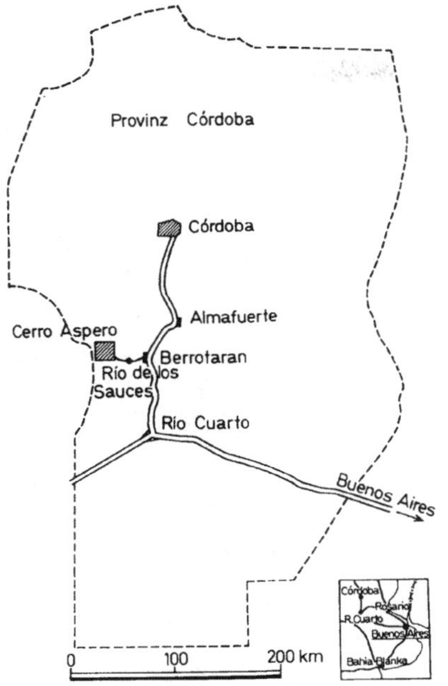

Abb. 1. Schematische Darstellung der Umgebung des Lagerstättenbezirks Cerro Aspero in der Provinz Córdoba, Argentinien

seite der Sierra de Velasco gelegen, führen Wolframit mit etwas Molybdänit und ein wenig Bleiglanz. Nur der Wolframit wurde dort in kleinstem Maße abgebaut.

Die Molybdänlagerstätten der Region Cerro Aspero übertreffen weitaus alle übrigen. Es handelt sich vor allem um die Konzessionen, die 5,5 km vom Cerro Aspero in südöstlicher Richtung, und zwar in und um den Cerro Asperezas liegen. Diese Vorkommen sind in letzter Zeit besonders aufgeschlossen worden, vor allem das Lager El Centauro. Die Form dieser Lagerstätten, die eine gewisse Ähnlichkeit mit dem bekannten großen Lager Climax in Colorado, USA, aufweist, ist eine von Gängen begleitete Imprägnation.

Der Cerro Asperezas besteht aus einem Sporn von granitischem Gestein, der die kristallinen Schiefer, Glimmerschiefer und Gneise durchbricht. Der Sporn des Cerro Asperezas ist kleiner als der vom Cerro Aspero gebildete. Der Cerro Asperezas tritt aus den kristallinen Schiefern deutlich als Relief hervor (Abb. 2). Der höchste Punkt entspricht der Konzession San José, die ungefähr das Zentrum der halbkreisförmig angeordneten Lager andeutet. Nach Norden hin wird der Granit von kristallinen Schiefern bedeckt, im Süden steht der Granit weiter zutage.

Das Alter der Schiefer wird als präkambrisch angesehen, der Granit dürfte nach neueren Altersbestimmungen paläozoisch sein. Die Seehöhe des Cerro Asperezas erreicht 1850 m NN, die Konzession (Mina) El Centauro liegt bei 1700 m NN.

Das granitische Gestein des Cerro Asperezas besteht aus Oligoklas mit 14% An, Quarz und reichlich Muskovit, der möglicherweise ein Umwandlungsprodukt von Kalifeldspat darstellt. Die Struktur des normalen, roten Granites zeigt die Anordnung der tafelförmig ausgebildeten Plagioklase mit der c-Achse in N—S-Richtung, wie dies auch von nördlich gelegenen Granitkörpern bekannt ist. Aber dort, wo das Gestein von Molybdänit, Wolframit und Kupferkies imprägniert ist, sind Anordnung und tafelförmige Ausbildung der Plagioklase nicht mehr erkennbar. Die Struktur wurde völlig verändert. Das Gestein des Cerro Asperezas ist demnach verschieden von der normalen Ausbildung des roten Granits, der in der Sierra Alta vorherrscht. Im Cerro Asperezas liegt also eine Granitvarietät vor, deren Ursprung entweder auf Unterschiede des granitisierten Gesteins oder auf Differentiation zurückzuführen ist. Wir halten den Granit der Sierra de Córdoba für ein palingenes Gestein, das durch progressiven Metamorphismus bis zu einer totalen Aufschmelzung mobilisiert wurde. Besonders im Cerro Asperezas treten die Unterschiede gegenüber dem normalen Granit deutlich hervor. HILLAR hat den Granit des Cerro Asperezas Muskovit-Tonalit genannt. Vielleicht ist diese Bezeichnung einer Abart nicht notwendig.

Das granitische Gestein des Cerro Asperezas zeigt folgende Strukturelemente:

a) Diaklasen mit der Hauptrichtung N—S, die mit der Mineralisation durch Mo, W und Cu nichts zu tun haben und jünger als diese sind.

b) Peripherische (ringförmige) Imprägnationszonen sowie Spalten. Letztere treten hauptsächlich am Kontakt des Granits mit den kristallinen Schiefern auf. Diese Spalten haben zu einer intensiven Infiltration (Dissemination) durch Mo, W und Cu geführt und sind der Hauptzufuhrweg der aufsteigenden überkritischen bis hydrothermalen Lösungen.

c) Radiale Gänge, die sich durch eine starke Verkieselung auszeichnen und eine etwas weniger intensive Mineralisation hervorgebracht haben. Hier finden sich eher Gänge als Imprägnationszonen; die radialen Spalten waren wahrscheinlich etwas jünger als die ringförmigen. Die radialen Gänge scharen sich im Zentrum des Cerro Asperezas, d. h. also in der Spitze, wo auch die Mine Don José liegt.

Die Mineralisation beider Systeme b) und c) ist verschieden: Die peripheren (ringförmigen) Vererzungen sind Zonen von Imprägnationen in dem hier weißen, granitischen Gestein, dem Tonalit nach HILLAR, mit Molybdänit, Wolframit und vereinzelt mit Kupferkies. Das Gestein besteht aus einer regellosen Mischung von Oligoklas, Quarz und Molybdänit. Der Quarz läßt zuweilen lagenförmige Anordnung erkennen, dagegen sind Plagioklas und Molybdänit ganz unregelmäßig gemischt. Muskovit findet sich hier wenig. Der Molybdänglanz tritt in Blättchen von 1—4 mm ∅ auf. Wolframit ist in kleinen dunklen Körnern in wechselnder Menge vorhanden, aber er ist immer weniger häufig als Molybdänit. Kupferkies ist als Imprägnation seltener und tritt nur in geringer Menge auf. Die ringförmigen Zonen haben Längen von 2000 bis 5000 m. Sie sind hauptsächlich auf der SW-, S- und SE-Seite des Cerro Asperezas zu beobachten. Ihre Tiefenerstreckung ist beträchtlich, da die Imprägnation in der Tiefe nicht abnimmt. Die Gehalte von Mustern ergaben im Durchschnitt 4% MoS_2 (= 2,4% Mo), ausgesuchte Stücke 10% MoS_2 (= 6% Mo). Die Bildungsbedingungen sind überkritisch vielleicht bis hydrothermal.

Die Mineralisation der radialen Gänge zeigt zuweilen sehr deutlich symmetrische Gangstrukturen. Die Mächtigkeit ist zwischen 7 cm und 1,2 m; in diesem letzteren Fall handelt

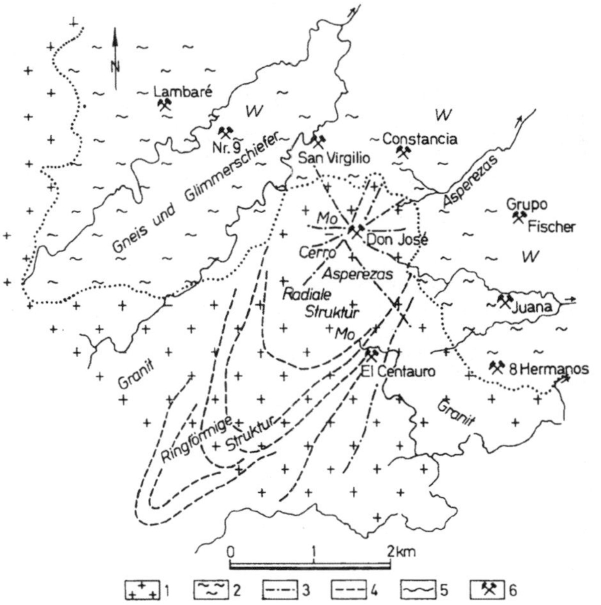

Abb. 2. Geologische Übersichtskarte der Molybdänlagerstätten des Cerro Asperezas im Distrikt Cerro Aspero, Provinz Córdoba, Argentinien

1 — Granit; 2 — Gneis und Glimmerschiefer; 3 — radiale Strukturen; 4 — ringförmige Strukturen; 5 — Gewässernetz; 6 — Gewinnungsbetriebe und Konzessionen

es sich aber eher um Quarzgänge mit geringer Mineralisation. An den Salbändern der mineralisierten Gänge sitzt Muskovit in Blättchen von 5–6 mm ⌀ bei den Gangwänden auf. Dann folgen 5–6 mm große Molybdänitblättchen. Der Rest ist weißer Quarz. Im Zentrum der Gänge finden sich kleine Pyritkriställchen, die in Hohlräumen des Quarzes sitzen. Als sekundäre Minerale treten Molybdänit, Kaolinit und Serizit auf. Die Bildungsbedingungen dieser Gänge halten die Verf. für hydrothermal.

Die Entstehungsgeschichte dieser Lagerstätten kann auf folgende Weise erklärt werden. Nach der Mobilisierung des palingenen Granites und dessen Aufstieg trat die Abkühlung ein. Durch die Kontraktionsrisse des Granits stiegen gasförmige Lösungen der Metalle Mo, W, Cu, etwas Fe mit OH und F auf als Mobilisate von Präkonzentrationen, die der Granit antraf. Die ringförmig aufsteigenden Lösungen haben das Nebengestein, den Granit, verändert und imprägniert. Dabei wurde wahrscheinlich Muskovit aus Kalifeldspat gebildet. Quarz wurde ebenfalls mobilisiert, und schließlich kam jene Mineralparagenese von Oligoklas, Quarz, Muskovit mit Molybdänit und Wolframit zustande, wobei zuweilen eine Art Lagenstruktur der metallhaltigen Minerale zu sehen ist. Diese Art von kleinen Gängen sind eher Linsen oder Blätter, die keine Fortsetzung haben und den inneren Teil von Imprägnationszonen bilden. Verf. meinen, daß es sich um „geschlossene" Spalten gehandelt habe, so daß die Imprägnation des Granits leichter vor sich ging und breitere Zonen ergriff. Die Bildungsbedingungen dieser Etappe sind überkritisch.

Die radialen Gänge indessen sind etwas jünger, sie zeigen deutlich symmetrische Füllung, die mit Muskovit beginnt. Darauf wurden Molybdänit und wenig Kupferkies abgesetzt. Der Rest ist von weißem Gangquarz ausgefüllt, in dessen Hohlräumen sich kleine Pyritkriställchen finden; Kupferkies ist hier selten. Die Bildungsbedingungen dieser Gänge sind hydrothermal bei wohl höheren Temperaturen.

Verf. betrachten den Granit als Mobilisator, da er weder Molybdän noch Wolfram enthielt, wie die Analysen der Granitkörper der Sierren von Córdoba ergeben. Mo und W können also nicht als Restlösungen der Granite angesehen werden, sondern als Mobilisate einer früheren Konzentration dieser Metalle.

Die wirtschaftliche Bedeutung des ca. 70 km² umfassenden Distrikts Cerro Aspero als Wolframproduzent ist seit Jahren bekannt. Nun kommen die neuen Aufschlußarbeiten am Cerro Asperezas mit ungefähr 8 km² dazu, wobei vor allem die Vererzung durch Molybdän in Betracht kommt. Soweit man heute sehen kann, sind die sichtbaren Erzmengen groß und erlauben den Bau einer größeren Aufbereitungsanlage mit Flotation. Die Reserven sind zweifellos beträchtlich, da der Erzgehalt im erkundeten Teufenbereich noch nicht abnimmt. Die gegenwärtige Produktion wird zur Erzeugung von Molybdänstahl verbraucht, für später wird auch an Ausfuhr gedacht.

Zur Berechnung des Zusammenhangs zwischen Grundwasserhaushalt, -förderung und -absenkung mittels elektronischer Datenverarbeitung

VOLKER MANHENKE, Leipzig

(Mitteilung Nr. 274 des VEB Geologische Forschung und Erkundung, Betriebsteil Freiberg)

1. Vorbemerkungen

Die in der Praxis noch allgemein angewandten hydrogeologischen Berechnungen orientieren meist auf den Beharrungszustand von Grundwassergewinnungs- bzw. Entwässerungsvorgängen. Bis zur Erreichung des Beharrungszustandes setzt sich die geförderte Wassermenge jedoch aus dem Zufluß und dem Wasserinhalt des sich bildenden Entnahmetrichters zusammen. Die Kenntnis des zeitlichen Zusammenhangs zwischen Grundwasserhaushalt, -förderung und -absenkung spielt vor allem für die Optimierung des Entwässerungsvorlaufs bei großräumigen Absenkungsmaßnahmen des Bergbaus, aber auch bei der Grundwassergewinnung, z. B. für die Ermittlung des maximalen Liefervermögens in einem bestimmten Zeitraum, eine große Rolle.

Den grundlegenden Beitrag zur Lösung dieser Fragen hat SIEMON (1957) gegeben. HENNIG (1966) stellt dazu fest, daß Bemühungen im Gange sind, die aufwendige Zahlenrechnung zur Berechnung des Zusammenhangs zwischen Entwässerungszeit und Wasserförderung zu programmieren. Bis jetzt wurde für das Fachgebiet Hydrogeologie lediglich ein Programm für die Berechnung des Durchlässigkeitsbeiwerts k_f mittels elektronischer Datenverarbeitung (EDV) mitgeteilt (BISCHOFF, FLIEGNER, RICHTER & WEHNER 1968; siehe auch FLIEGNER, KÖCKE, PESTER & RADTKE 1967). Mit der Ermittlung des optimalen Entwässerungsvorlaufes für den Tagebau Witznitz II haben sich SCHULZE, CALDONAZZI & HAFERKORN (1968) beschäftigt und ein Rechenprogramm für den Kleinrechner Cellatron SER 2c entwickelt. Das Programm wurde allerdings nicht mitgeteilt, da — wie die Verf. schreiben — die gewonnenen Erkenntnisse nicht unmittelbar auf andere Betriebe übertragen werden können.

Im folgenden wird nun ein Diskussionsbeitrag zur Berechnung der Entwässerungszeit mittels EDV bei vorgegebenen Varianten der Wasserfördermenge gegeben, wobei unter Beachtung einiger neuer Gesichtspunkte die gebräuchlichen hydrogeologischen Methoden zur Ermittlung der einzelnen Parameter benutzt werden.

2. Hydrogeologische Grundlagen

Ablauf einer Grundwasserabsenkung

Jede in einem Grundwasserstrom stehende Grundwasserförderanlage (Brunnen) schafft sich einen Absenkungstrichter mit bestimmter Reichweite (R). Da sich R und der Zufluß zum Absenkungstrichter (Q_n) proportional verändern, muß die Ausdehnung des Absenkungstrichters so lange zunehmen, bis sich zwischen der geförderten Wassermenge Q und dem Zufluß Q_n ein Gleichgewicht eingestellt hat. Im Beharrungszustand gilt also

$$Q = Q_n \tag{1}$$

Q_n umfaßt den unterirdischen Zufluß Q_z aus dem Grundwasserstrom und den Zufluß Q_q durch Versickerung im Gebiet des Entnahmetrichters unterhalb der Entnahmebreite (s. unten).

Bis zur Erreichung dieses Gleichgewichtszustandes hat der Absenkungstrichter noch nicht seine volle Reichweite, und entsprechend ist der Zufluß Q_n noch kleiner als Q, und die Differenz zwischen Q und Q_n muß aus dem

Eingang des Manuskripts in der Redaktion: 29. 11. 1968.

Vortrag zur Arbeitstagung der Deutschen Gesellschaft für Geologische Wissenschaften: Fortschritte auf dem Gebiet der Gewinnung, Speicherung und automatischen Verarbeitung geologischer Daten, 21. 11. 68 in Berlin (vorläufige Mitteilung).

Grundwasservorrat entnommen werden (Q_v). Durch diese Vorratsentnahme erweitert sich wiederum der Absenkungstrichter. Es gilt jeweils

$$Q_v = Q - Q_n \tag{2}$$

Der Absenkungsvorgang kann zeitlich wie folgt dargestellt werden: Zu Beginn der Förderung (wir nehmen Q = const. an) besteht noch kein Absenkungstrichter, d. h., im Moment 1 ist $Q_n = 0$ (abgesehen vom Zufluß entsprechend dem Brunnendurchmesser) und $Q_v = Q$. Durch die Entnahme von Q_v bildet sich ein bestimmter Absenkungstrichter mit bestimmter Reichweite aus. Im Moment 2 tritt dadurch ein bestimmter Zufluß Q_n auf, und Q_v ist nach (2) etwas kleiner als im Moment 1. Durch die Entnahme von Q_v wird der Absenkungstrichter und damit R wiederum etwas größer, so daß im Moment 3 ein etwas größerer Zufluß Q_n auftritt und der Anteil von Q_v an der Fördermenge Q weiter zurückgeht. In dem Maße, wie sich die Größe von Q_n der Fördermenge Q nähert, nimmt Q_v ab, und im Beharrungszustand sind dann $Q = Q_n$ und $Q_v = 0$.

Bei bergbaulichen Entwässerungsmaßnahmen stellt nun allerdings eine bestimmte erforderliche Absenkung s_e des Grundwasserspiegels die hydrogeologische Zielgröße dar. Damit ergeben sich eine bestimmte Reichweite R_e des Absenkungstrichters und ein bestimmter Zufluß Q_{ne} im Beharrungszustand. Die Grundwasserförderung Q soll aber so groß sein, daß der Absenkungseffekt in optimaler Zeit erreicht wird. Als Optimalitätskriterium muß die Minimierung der durch die Entwässerungsmaßnahmen verursachten Gesamtkosten angesehen werden.[1]) Dementsprechend wird die Fördermenge Q den für den Beharrungszustand berechneten Zufluß Q_{ne} bis zur Erreichung der erforderlichen Absenkung s_e übersteigen.

An dem obenerläuterten Absenkungsvorgang und seiner möglichen Berechnung durch Unterteilung in einzelne Zeitabschnitte ändert sich nichts. Je kleiner die einzelnen Berechnungszeitabschnitte gewählt werden, desto genauer kann — natürlich in Abhängigkeit von der Exaktheit der benutzten Ausgangsgrößen und Formeln — die Gesamtzeit bis zur Erreichung der nötigen Absenkung (SIEMON 1957, HENNIG 1966) bzw. die in einer bestimmten Zeit maximal förderbare Grundwassermenge berechnet werden.

Da bei Tagebauvorfeldentwässerungen mit Absenkungszeiten von ein bis zwei Jahren gerechnet wird, macht sich eine Vielzahl von Rechengängen nötig.

Für Grundwassergewinnungsanlagen ist folgendes denkbar: In Spitzenbedarfszeiten wird eine bestimmte maximale Fördermenge Q gefordert, und es soll berechnet werden, wie lange dieses Q mit einer gegebenen Grundwasserfassung gefahren werden kann. Es braucht nicht näher begründet zu werden, daß nur bei Fassungen, die während der ständigen Förderung nicht die maximal mögliche Absenkung erreicht haben, eine solche kurzfristige Höchstförderung möglich ist.

[1]) SCHULZE, CALDONAZZI & HAFERKORN haben eine Übersicht der Kostenarten gegeben (1968, Tab. 2).

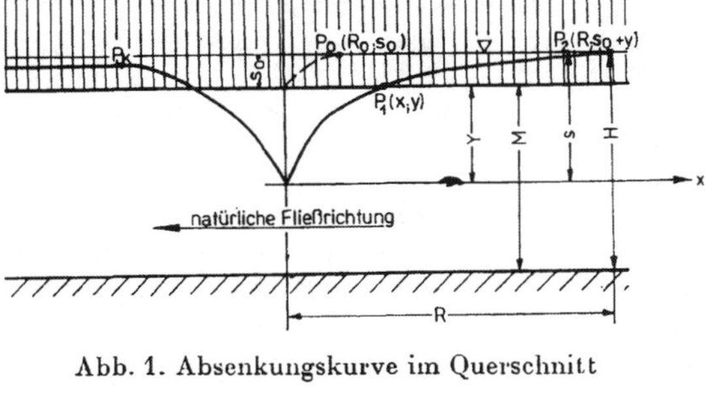

Abb. 1. Absenkungskurve im Querschnitt

Ausgangsgrößen für die Berechnung

Folgende zur Eingabe nötigen Parameter werden durch die hydrogeologische Erkundung unmittelbar ermittelt bzw. übernommen:

M — Mächtigkeit des Grundwasserleiters [m],
k_f — Durchlässigkeitsbeiwert der grundwasserführenden Schicht [m/s],
P_n — nutzbares Porenvolumen der grundwasserführenden Schicht [-],
H — Grundwasserstand über Grundwassersohle [m],
i — natürliches Grundwassergefälle [-].

Nach Vorgabe von Ort und Art der Grundwasserfassung sind außerdem bekannt:

L — Länge eines geradlinigen, rechtwinklig zur natürlichen Grundwasserfließrichtung gelegenen Fassungsabschnittes [m],
T — Länge eines geradlinigen, parallel zur natürlichen Grundwasserfließrichtung gelegenen Fassungsabschnittes [m],
r — Radius eines radialen Fassungsabschnittes [m].

Aus den Erkundungsdaten kann nun hergeleitet werden:

s_e — bei Entwässerungsmaßnahmen erforderliche bzw. bei Grundwassergewinnung (max.) mögliche Absenkung des natürlichen Grundwasserspiegels [m].

Weiterhin können Niederschlag, Verdunstung, Oberflächenbeschaffenheit, Bebauung usw. aus entsprechenden Karten und sonstigen Angaben entnommen werden.

Um die mathematische Berechnung des Absenkungsvorganges durchführen zu können, müssen für alle eingegebenen Parameter Mittelwerte eingesetzt werden, die dann für den jeweils betrachteten Fassungsabschnitt als gleichbleibend angenommen werden. Entsprechend sind die Fassungsabschnitte zu wählen. Das gleiche gilt für solche Parameter, bei denen nach verschiedenen Methoden unterschiedliche Größen errechnet werden (z. B. q_u, R_e, Q_n). Für die weitere Berechnung können dann jeweils nur bestimmte, eine gemittelte oder nacheinander verschiedene Größen benutzt werden.

Berechnungsformeln

Im folgenden soll kurz auf die zur Berechnung weiterer Eingabeparameter und zum Ablauf des Rechenganges in der EDV benötigten Formeln eingegangen werden.

Unterirdische Abflußspende

Zunächst kann die unterirdische Abflußspende q_u [m³/s m²] berechnet werden (z. B. nach ZIESCHANG 1963).

Ist q_u örtlich sehr unterschiedlich, kann es eventuell erst nach Bestimmung von R_e und k (s. unten) ermittelt und dann erst dem Rechengang (Abb. 4, 5) zugeführt werden. Diese Schwierigkeit ist vor allem bei der Berechnung von R_e nach RICHTER (1967, Tab. 1, Nr. 10—14) hervorzuheben.

Reichweite des Absenkungstrichters

Die Reichweite R_e des Absenkungstrichters im Beharrungszustand kann z. B. nach SICHARDT (1928) mit

$$R_e = 3000 \cdot s \cdot \sqrt{k_f} \tag{3}$$

nach der von BUSCH (1963) empfohlenen Formel KUSAKINS

$$R_e = 575 \cdot s \cdot \sqrt{H' \cdot k_f} \quad (4)$$

auch nach RICHTER (1966b, 1967) berechnet bzw. nach Beobachtungen und Analogieschlüssen eingesetzt werden.

Entnahmebreite

Bei der Konstruktion des Absenkungstrichters und unter Beachtung des Verlaufs der Wasserbahnen (Abb. 2) zeigt sich, daß bei einer Durchflußberechnung nach DARCY (s. unten) Entnahmeprofil und Gefälle in einem bestimmten Abstand d von der Fassung als Berechnungsgrundlage benutzt werden müssen.

Die Ermittlung dieses Abstands d erscheint problematisch. Er soll hier mit

$$d = \frac{R}{2} \quad (5)$$

angenommen werden (Abb. 2), da ein nach BAUDISCH (in ZIESCHANG 1962, Abb. 5) konstruierter Abstand neue Probleme in sich birgt.

Es ist offensichtlich, daß sich die Lage des wirksamen Durchflußprofils mit zunehmender Reichweite von der Fassung aus bis zur Linie $A' - B'$, die dem Beharrungszustand entsprechen soll, verschiebt. Damit verbundene Schwankungen von M, k_f und i müssen vernachlässigt werden.

Wenn R nach empirischen Formeln (SICHARDT, KUSAKIN) oder Beobachtungen bestimmt wird, ergibt sich für die Entnahmebreite B (vgl. RICHTER 1967)

$$B = L + 2R_w \quad (6)$$

wobei mit R_w die wirksame Reichweite bezeichnet werden soll.

Bei (5) ergibt sich für

$$R_w = \frac{1}{2} R \sqrt{3} \quad (7)$$

und

$$B = L + R\sqrt{3} \quad (8)$$

(Abb. 2, 3).

Handelt es sich bei dem zu betrachtenden Objekt um einen Tagebau o. ä., dessen parallel der Grundwasserfließrichtung verlaufende Länge T größer als d ist, dann gilt für B (Abb. 3b)

$$B = L + 2R \quad (9)$$

Die bei RICHTER (1967, S. 412) für im natürlichen Zustand radialen Fließvorgang vorgesehene Formel $B = 2 \cdot a \times R + L$ wird nicht benötigt. Erstens weist der natürliche Grundwasserstrom allgemein parallele Stromfäden auf, die Hydroisohypsen haben überwiegend geradlinigen und nur stellenweise bogenförmigen Verlauf, und zweitens wird das dadurch erfaßt, daß für das Entnahmeprofil die gemittelten Mächtigkeiten der wasserführenden Schicht, die mittleren k_f-Werte und Gefälle bestimmt und in die Rechnung einbezogen werden.

Unterer Kulminationspunkt

Für weitere Berechnungen interessiert der Abstand k zum unteren Kulminationspunkt P_k (Abb. 1—3). Nach

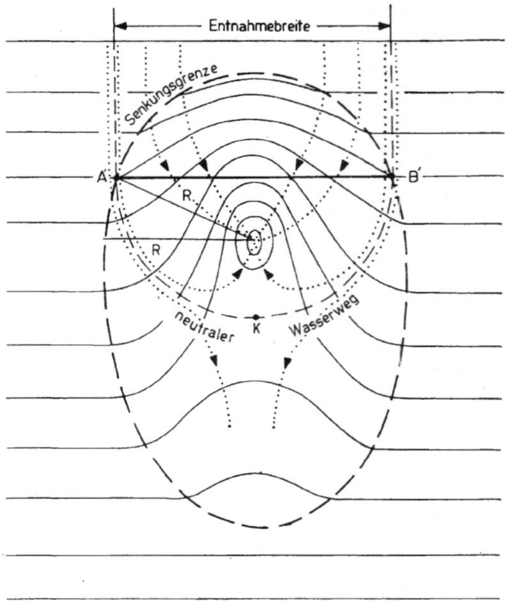

Abb. 2. Grundriß eines Senkungstrichters nach KEGEL & KEILHACK (in KEGEL 1938, Abb. 43)
1 — Hydroisohypsen, (liniert) 2 — Wasserbahnen (punktiert)

SMREKER berechnet SCHNEIDER

$$k = \frac{B}{2\pi} \quad (10)$$

(SCHNEIDER, TRUELSEN & THIELE 1952, S. 209).

Die Gültigkeit dieser Formel soll hier nicht untersucht werden. Es besteht aber kein Zweifel, daß zwischen k und B eine direkte Proportionalität besteht. Für den theoretischen Fall $R = 0$ gälte allerdings $k = L/2$, d. h., stromabwärts müßte bereits ein Entnahmetrichter existieren. Es muß untersucht werden, ob das zu Widersprüchen im Rechengang führen kann (Pkt. 3.2).

Die von dem neutralen Wasserweg und der Entnahmebreite B umschlossene Fläche F_E setzt sich aus einer halben Ellipse mit der Hauptachse B, der Nebenachse $2\,(d + k)$ und der Fläche $\frac{\pi}{2} \cdot \frac{B}{2} \cdot (d + k)$ sowie der Rechteckfläche (senkrecht schraffierte Fläche in Abb. 3b) $B \cdot (T - d)$ zusammen:

$$F_E = \frac{\pi}{4} \cdot B\,(d + k) + B\,(T - d) \quad (11)$$

Woginhalt

Als Woginhalt W_T wird der Wasserinhalt des Entnahmetrichters bezeichnet, der von der Fassungsanlage gefördert wird.

Im Gegensatz zu den üblichen Methoden, die zur Berechnung des von der Fassung zu fördernden Q_v und Q_q das gesamte Absenkungsgebiet einbeziehen (u. a. MILKOWSKI 1966), zeigt z. B. Abb. 2, daß nur bis zum neutralen Wasserweg ein Gefälle zur Fassung hin besteht. Der Absenkungstrichter außerhalb desselben entsteht infolge des dort bestehenden Defizits zwischen dem Zufluß, der von der Fassung aufgenommen wird, und dem Abfluß in Richtung des natürlichen Grundwassergefälles.

Der Woginhalt setzt sich also aus dem Wasserinhalt des Entnahmetrichters innerhalb der Fläche F_E und stromaufwärts der Entnahmebreite zusammen.

Grundlage für die Berechnung des Woginhalts bilden stromaufwärts die Reichweite R, stromabwärts die Entfernung k zum unteren Kulminationspunkt, dann die Form der Absenkungskurve und das entwässerbare (nutzbare) Porenvolumen P_n.

Auf die Ermittlung von R und k wurde bereits eingegangen. P_n muß nach Erkundungsergebnissen, z. B. durch Laborversuche an Proben, bzw. nach Analogieschlüssen in Beziehung zur Körnung und Durchlässigkeit der grundwasserführenden Schicht (GOLF 1963) eingesetzt werden.

Die Gleichung für die Absenkungskurve kann nach Beobachtungen, nach Durchflußberechnungen (SCHNEIDER, TRUELSEN & THIELE 1952, SIEMON 1957, RICHTER 1968) oder als Parabel (KÖHLER, zit. bei MILDE 1961) angesetzt werden.

Die Berechnungen nach SIEMON usw. setzen u. a. die Kenntnis des unterirdischen Einzugsgebietes voraus, was häufig nicht gegeben ist. Außerdem wird bei diesen Ableitungen aus der DARCYschen Durchflußgleichung nicht beachtet, daß $Q = k_f \cdot i \cdot F$ (DARCY 1856), zumindest bei rascher Strömung, also in Annäherung an die Wasserfassung, ungültig ist (SCHNEIDER, TRUELSEN & THIELE 1952, S. 204, S. 229; vgl. DÜRBAUM 1957).

Hier soll die Absenkungskurve als Parabel

$$y^2 = \frac{x}{p} \tag{12}$$

mit dem Punkt P_e (R_e, s_e) stromaufwärts bzw. P_k (k, s_k) stromabwärts angenommen werden.

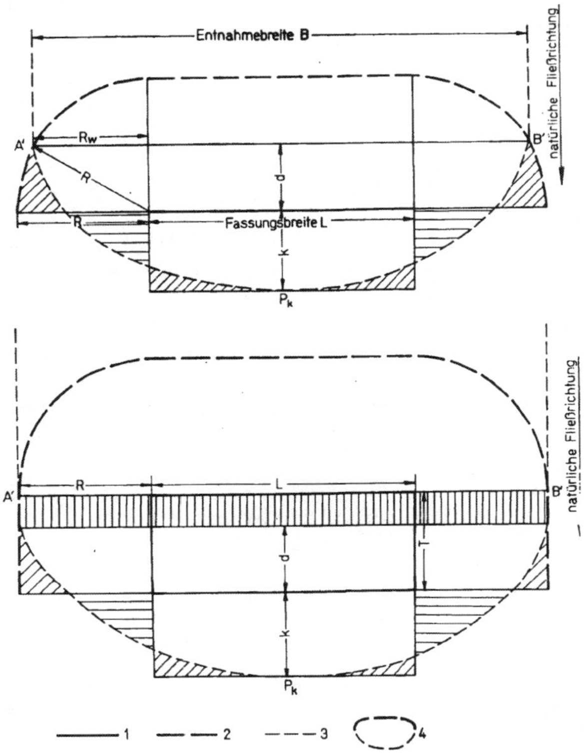

Abb. 3. Entnahmetrichter im Grundriß
1 – Grundwasserfassung, 2 – Absenkungstrichter, 3 – neutraler Wasserweg, 4 – Entnahmetrichter

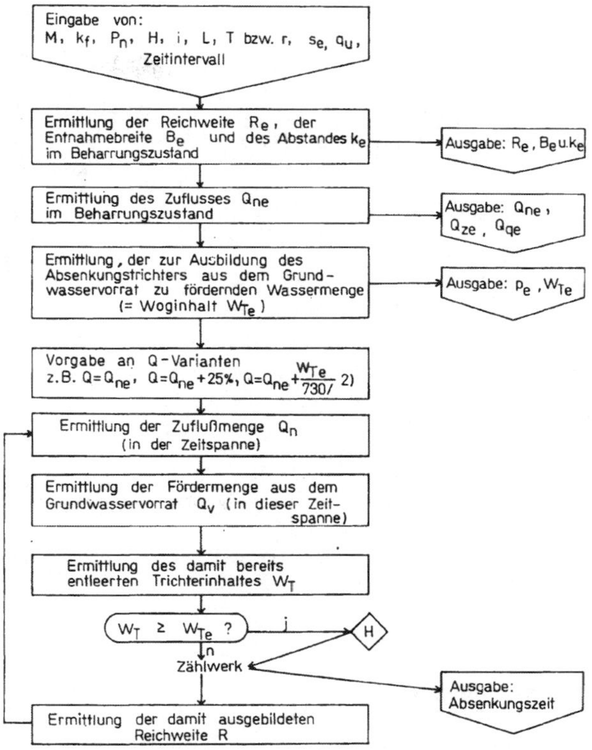

Abb. 4. Prinzipschema des Rechenganges

Diese Formel wird für den gesamten Absenkungsvorgang als gültig angesehen, so daß sich p ergibt zu $p_e = \frac{R_e}{s_e^2}$ bzw. $p_k = \frac{k}{s_k^2}$. Für die Rechnung wird $s_k = s_e$ gesetzt, d. h., die Differenz zwischen den von Grundwasser durchströmten Mächtigkeiten wird vernachlässigt.

Der zunehmenden Absenkung entsprechend wird die x-Achse parallel verschoben, so daß die Kurve stets den Nullpunkt des Achsenkreuzes erreicht (Abb. 1).

Auch SIEMON (1957, S. 47) vereinfacht die Berechnung, indem er nur das 2. Absenkungsstadium mit Parallelverschiebung der Absenkungskurve berücksichtigt (vgl. auch HENNIG & POMMERENKE 1965, BUSCH, LUCKNER & TIEMER 1967).

Die Rauminhaltsgleichungen ergeben sich dann bei geradlinigen Fassungsabschnitten mit

$$F = p \int_0^{y_1} y^2 \cdot d$$

$$F = \frac{1}{3} \; p y^3 \Big|_0^{y_1}$$

$$V_{Tg} = \frac{1}{3} \; p y_1^3 \cdot L \tag{13}$$

(vgl. RICHTER 1966a, S. 15), bei radialen Fassungsabschnitten nach der GULDINschen Regel mit

$$V_{Tr} = \pi \int_0^{y_1} p^2 y^4 \mathrm{d} y$$

$$V_{Tr} = \frac{\pi}{5} \; p^2 y_1{}^5 \cdot \frac{\alpha^\circ}{360^\circ} \tag{14}$$

Der Woginhalt ist jeweils

$$W_T = V_T \cdot P_n \quad (15)$$

Der von der Fassung zu fördernde Woginhalt W_T kann in Annäherung errechnet werden aus

$$V_T = \frac{1}{3} p_e y_1^3 L + \frac{1}{3} p_e y_1^3 T + \frac{1}{3} p_k y_1^3 L + \frac{\pi}{5} p_e^2 y_1^5 \cdot \frac{2 \cdot 90}{360} + L \cdot T \cdot y_1 \quad (16)$$

In dieser Formel sind zur Vereinfachung der Berechnung die Woginhalte des Trichters unter den waagerecht schraffierten Flächen durch die der schräg schraffierten Flächen ersetzt worden (Abb. 3).

Unterirdischer Zufluß

Der unterirdische Zufluß soll hier nach DARCY (1856) berechnet werden. Das ist möglich, wenn man sich auf die natürlichen Grundwasserverhältnisse und die obenermittelte Entnahmebreite bezieht.

$$Q_z = k_f \cdot i \cdot H' \cdot B \quad (17)$$

Berechnungen nach den von DARCY abgeleiteten Gleichungen DUPUITS (1863, s. u. a. SCHNEIDER, TRUELSEN & THIELE 1952, S. 197f.) müssen prinzipiell zu den gleichen Ergebnissen führen.

3. Programmbeschreibung

Prinzipschema des Rechenganges

Aus den Darlegungen über den Ablauf einer Grundwasserabsenkung und über die durch Erkundung sowie Rechnung ermittelbaren Parameter läßt sich ein einfacher Rechengang für die Ermittlung der Absenkungszeit ableiten. Es kann wie folgt vorgegangen werden (Abb. 4):

1. Berechnung der Reichweite R_e, der Entnahmebreite B_e, des Zuflusses gesamt Q_{ne}, differenziert in unterirdischer Zufluß Q_{ze} aus dem Grundwasserstrom und in Grundwasserneubildung Q_{qe} durch Versickerung im Entnahmetrichtergebiet stromabwärts der Entnahmebreite, und des Woginhalts W_{Te} jeweils für den Beharrungszustand e;
2. Vorgabe von Varianten der Grundwasserfördermenge Q und des Zeitintervalls für die Einzelrechnungen;
3. vielfache Einzelrechnung in Zeitintervallen;
4. Beendigung der Rechnung und Ausgabe der bis zur Erzielung des Absenkungseffekts, d. h. bis zur Entleerung des Absenkungstrichters ($W_T = W_{Te}$), benötigten (bei Grundwassergewinnung möglichen) Förderzeit.

Als Kriterien für die Beendigung der Rechnung könnten u. a. auch die Reichweite R_e bzw. die Absenkung s_e des Beharrungszustandes angesetzt werden.

Problemorientierter Ablaufplan

Die Werte von R, B, Q_z, Q_q, W_T, p_e usw. für den Beharrungszustand, d. h. für den Zustand der nötigen bzw. möglichen Absenkung s_e, lassen sich in einem Geradeausprogramm mittels EDV oder manuell nach den gegebenen Formeln (3, 4 u. a.; 8, 9; 17; 20; 16) errechnen.

Die nach Vorgabe von Q-Varianten folgenden, sich zyklisch wiederholenden Einzelrechnungen in Zeitintervallen sind dann nur mittels EDV sinnvoll durchzuführen.

Für diesen Teil des Rechengangs ist in Abb. 5 ein problemorientierter Ablaufplan dargestellt worden.

Zunächst wird durch den bedingten Sprung

$$H \geq M? \quad (18)$$

zwischen gespanntem und freiem Grundwasserspiegel unterschieden. Bei $H \geq M$ ist der Grundwasserspiegel gespannt, und bereits im ersten Zeitintervall wird die Absenkung

$$s_0 = H - M \quad (19)$$

erzielt, da ja Q weit größer als der Zufluß bei der Reichweite R_0 sein muß.

Bei s_0 bildet sich also die Reichweite R_0 aus (12). Dann werden nach (8, 9) die Entnahmebreite B und daraus nach (10) der Abstand k zum unteren Kulminationspunkt errechnet. Da k und s somit feststehen, muß p_k in Abhängigkeit von diesen Größen nach jedem Zeitintervall neu berechnet werden (12), d. h., stromabwärts der Fassung kann für die Absenkungskurve keine konstante Funktion angenommen werden.

Nach Ermittlung von B können der unterirdische Zufluß Q_z (17) und nach der Ermittlung von R, B und k die Versickerungsfläche F_E (11) und damit der Zufluß Q_q (20) aus der Grundwasserneubildung für das jeweilige Zeitintervall errechnet werden.

$$Q_q = q_u \cdot \left(\frac{\pi}{4} B \left(\frac{R}{2} + k\right) + B \left(T - \frac{R}{2}\right)\right) \quad (20)$$

Die Differenz zu Q gibt nach (2) die Wassermenge Q_v, die in diesem Zeitintervall aus dem „ruhenden" Wasservorrat gefördert werden muß und damit zur Erweiterung des Trichters führt. Aus dem nun insgesamt entleerten Trichtervolumen V_T kann nach (16) in einem Unterprogramm der neue Wert für y (Abb. 1) eventuell durch Substitution oder durch Annäherung errechnet werden.

Danach werden im gleichen zyklischen Ablauf mit den gleichen Formeln die neuen Werte für s, R ermittelt usw.

Über ein Zählwerk werden die Berechnungsintervalle addiert und nach „Halt" der Rechnung bei $W_T \geq W_{Te}$ mit der Intervallzeit multipliziert, so daß sich die Gesamtförderzeit ergibt.

Die jeweils ermittelten Werte für s, R, B, k, p, Q_z und Q_q gelten allerdings exakt nur für den Beginn des jeweiligen Zeitintervalls. Sie werden aber für ein ganzes Intervall eingesetzt. Für das erste Zeitintervall ist also bei freiem Grundwasserspiegel $R = 0$ und $B = L$, bei gespanntem Grundwasserspiegel $R = p \cdot (H - M)^2$. Eventuell könnte man hier einen weiteren Zyklus in der Form einschalten, daß zunächst wie bisher s_1 und R_1 für das Zeitintervall eingesetzt werden, dann nach Erreichen von s_2 und R_2 mit Mittelwerten $s_{1/2}$ und $R_{1/2}$ die Rechnung wiederholt wird und die letzteren Werte dann erst gelten usw.

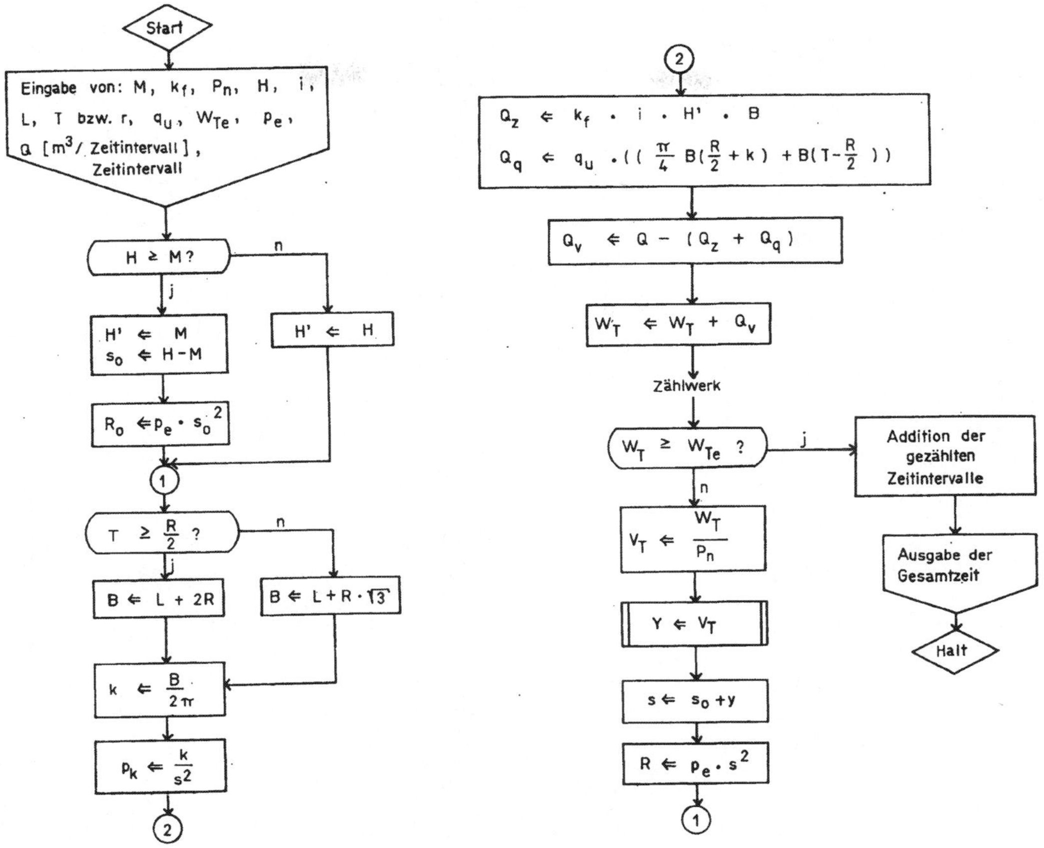

Abb. 5. Problemorientierter Ablaufplan

4. Hinweise zur Anwendung des Verfahrens

Aufgabe der Hydrogeologie ist es, die Grundwasservorräte zu ermitteln, die aus einer Lagerstätte gefördert werden können bzw. müssen.

Da sich die Grundwasservorräte innerhalb des natürlichen Wasserkreislaufs erneuern, muß jede Berechnung von Grundwasservorräten eine Berechnung nach Zeiträumen sein, z. B. m³/min usw.

Nach diesem dargelegten Programm kann also die Zeitdauer vom Beginn einer Grundwasserförderung bis zur Erreichung einer bestimmten Absenkung vorausberechnet werden.

Die Formeln und Berechnungen können trotz der zur exakten Gültigkeit des DARCYschen Gesetzes bekannten, vereinfachenden Annahmen (u. a. DÜRBAUM 1957, RICHTER 1968) für jede vollkommene Grundwasserfassung sowohl bei freiem als auch gespanntem Grundwasserspiegel angewendet werden. Vorausgesetzt wird dabei, daß die Ausbildung der errechneten Entnahmebreite nicht durch natürliche geologische oder künstliche Grenzen des Grundwasserleiters behindert wird.

Allerdings bezieht sich die Berechnung in dieser Art auf die Grundwasserfassung als Ganzes. Die Ermittlung der von einzelnen Teilen einer Fassung zu fördernden Grundwassermengen erfordert die Beachtung der Wasserbahnen (Abb. 2). Sie zeigen, daß auch solche Fassungsabschnitte, die parallel zur natürlichen Grundwasserfließrichtung stehen, und sogar solche, von denen die natürliche Grundwasserfließrichtung weg gerichtet ist, einen Teil des durch das Entnahmeprofil $B \cdot H'$ strömenden Grundwassers aufnehmen. Dementsprechend vermindert sich der Anteil, den die der natürlichen Grundwasserfließrichtung zugekehrten Fassungsabschnitte fördern. Eine anteilmäßige Berechnung nach DUPUIT (1863) ist demnach durchaus nicht so einfach, wie es häufig angenommen wird (u. a. RICHTER 1966a).

Bei Grundwasserfassungen, die schräg zur natürlichen Grundwasserfließrichtung liegen, muß beachtet werden, daß der Wert für das in die Durchflußgleichung zur Ermittlung von Q_z (17) einzusetzende L sowie der Wert von T für den bedingten Sprung

$$T \geq \frac{R}{2}? \tag{21}$$

nach Vorliegen des Grundrisses durch Projektion zu bestimmen sind.

Bei unvollkommenen Brunnen vermindert sich die zu fördernde Wassermenge beträchtlich, da die unterhalb der Brunnensohle gelegenen Teile des Grundwasserleiters nur einen geringen Beitrag zur Fördermenge liefern (WEBER 1955). In solchen Fällen dürfte es sich für hydrogeologische Berechnungen empfehlen, M und H einfach bis kurz unterhalb der Brunnensohle zu bemessen. Vergleichsweise soll hier die bei WEBER (1955) für offene Haltungen vorgesehene Formel angegeben werden, die sich im Bergbau zur Berechnung der bei Entspannung des Grundwasserspiegels von Liegendgrundwasserleitern erforderlichen Grundwasserfördermenge verwenden läßt.

$$q_0 : q = (H_0^2 - h_0^2) : (H^2 - h^2) \tag{22}$$

Hierbei entsprechen:

q — Wasserzufluß bei vollkommenen Brunnen,

q_0 — Wasserzufluß bei offener Haltung,

H_0 — Grundwasserstand über Sohle der offenen Haltung (Grube),

h_0 — Restwasserstand am Grubenrand (im Beharrungszustand der Entwässerung),

$h = H - s_e$ (Abb. 1).

Die dargelegten Berechnungsformeln und der erläuterte Rechengang ermöglichen eine einwandfreie hydrogeologische Bearbeitung, die in der Praxis den Anforderungen an die Erkundung von C_1- bis B-Vorräten entsprechen dürfte (ZVK-Klassifikationen für mineralische Rohstoffe und Klassifikation der Grundwasservorräte ...). Selbstverständlich müssen großräumige hydrogeologische Arbeiten vorausgehen.

Dem in Abb. 4 und 5 vorgeschlagenen Ablaufplan kann in einem Unterprogramm die Berechnung der kostengünstigsten Variante für die Bemessung der Grundwasserfassungsanlagen angeschlossen werden. Hierfür sind weitere theoretische und praktische Untersuchungen nötig (SCHULZE, CALDONAZZI & HAFERKORN 1968).

Zusammenfassung

Ausgehend von theoretischen Betrachtungen und den durch die Erkundung ermittelten Lagerstättenparametern wird der Ablauf einer Grundwasserabsenkung mathematisch erfaßt.

Zunächst werden die sich meist auf bekannte Methoden stützenden Formeln für die Ermittlung der einzelnen hydrogeologischen Größen beschrieben. Es werden einige kritische Hinweise zu in jüngster Zeit für die Berechnung der Grundwasserfördermengen im Braunkohlenbergbau vorgeschlagenen Formeln gegeben.

Dann werden der zeitliche Zusammenhang zwischen Fördermenge und Absenkungszeit in Abhängigkeit von den hydrogeologischen Verhältnissen in einem geschlossenen Rechengang dargelegt und für den zyklischen Teil des Programms ein problemorientierter Ablaufplan mitgeteilt, nach dem die Zeitdauer bis zur Erreichung eines bestimmten Absenkungseffekts exakt ermittelt werden kann.

Zuletzt werden Hinweise zur praktischen Anwendung des Verfahrens gegeben.

Резюме

На основе теоретических соображений и параметров месторождения, выявленных разведкой, охватывается математически процесс понижения уровня грунтовых вод.

В начале описываются формулы для определения отдельных гидрогеологических величин, которые в большинстве опираются на известные методы. Даются некоторые критические указания по предложенным в последнее время формулам для подсчёта дебита грунтовой воды при разработках бурого угля. Затем излагается временная связь между дебитом и временем депрессии в зависимости от гидрогеологических условий в закрытом процессе подсчёта и сообщается для циклической части программы ориентированный по проблемам план процесса, по которому может быть точно определён промежуток времени до достижения определенного эффекта депрессии.

В заключение даются указания по практическому использованию метода.

Summary

From theoretical considerations and deposit parameters determined by exploration the process of a ground-water lowering is expressed in mathematical terms.

First of all, a description is given of formulas mainly based on well-known methods for determining the individual hydrogeological parameters. In this regard, some critical comments are made on formulas recently proposed for calculating ground-water outputs in brown-coal mines.

Then the chronological connection between output and lowering time as dependent on the hydrogeological conditions are described in a closed calculating procedure, and a time-table orientated towards the problem in question is described, by which the duration up to which a definite lowering effect is attained can exactly be determined for the cyclical part of the programme.

To conclude, informations are given on the practical application of the method.

Literatur

BISCHOFF, P., H. FLIEGNER, L. RICHTER & H. WEHNER: Die Ermittlung des Durchlässigkeitsbeiwertes „k_f“ mittels elektronischer Datenverarbeitungsanlagen aus den Ergebnissen von Siebanalysen. — Z. angew. Geol., **14**, 2, 88—93, Berlin 1968.

BUSCH, K. F.: Geohydrologische und wasserwirtschaftliche Betrachtungen bei Entwässerungen von Braunkohletagebauen. — Freiberger Forsch.-H., A 282, 99—134, Leipzig 1963.

BUSCH, K. F., L. LUCKNER & K. TIEMER: Die wichtigsten analytischen Berechnungsverfahren der stationären eindimensionalen Grundwasserströmungsvorgänge. — Bergbautechnik. **17**, 7, 361—368, Leipzig 1967.

DARCY, H.: Les fontaines publiques de la ville de Dijon. — Paris 1856.

DUPUIT, J.: Etudes théoriques et pratiques sur les mouvements des eaux. — 2. éd., Paris 1863.

DÜRBAUM: Über das DARCYsche Gesetz und seine Anwendungsmöglichkeiten in der Hydrogeologie. Tagungsbericht Dijon 1956. — Dt. gewässerkundl. Mitt., H. 4/5, 76—82 (1957).

FLIEGNER, H., V. KÖCKE, L. PESTER & H. RADTKE: Zur automatischen Datenverarbeitung auf geologisch-lagerstättenkundlichem Gebiet. — Z. angew. Geol., **13**, 4, 198—203, Berlin 1967.

GOLF. W.: Wasserhaushaltsuntersuchungen im Einzugsgebiet von Braunkohlentagebauen der Niederlausitz und ihre Anwendung auf die Vorhersage der Grubenwassermenge. — Unveröff. Diss., Techn. Univ., Dresden 1963.

HENNIG, G.: Grundlagen zur Berechnung von Filterbrunnenreihen unter Berücksichtigung des Grundwasserhaushaltes. — Bergbautechnik, **16**, 9, 458—463, Leipzig 1966.

HENNIG, G., & J. POMMERENKE: Beitrag zur Theorie der Ermittlung von Abständen für Entwässerungsstrecken und Fallfilter. — Bergbautechnik, **15**, 7, 353—358, Leipzig 1965.

KEGEL, K.: Bergmännische Wasserwirtschaft. — Berg- u. Aufbereitungstechnik, Bd. III, T. 1, Verl. W. Knapp, Halle 1938.

MANHENKE, V.: Hydrogeologische Berechnungen. In W. ZIEGENHARDT: Ergebnisbericht Braunkohlenerkundung Breitenfeld. — Unveröff., VEB Geol. Erkdg. Süd, Freiberg 1965/66.

MILDE, G.: Hydrogeologische Untersuchungen im Raum künftiger Braunkohlentagebaue der östlichen Mark Brandenburg und der Lausitz. — Freiberger Forsch.-H., C 96, Berlin 1961.

MILKOWSKI, M.: Eine Berechnungsmethode für Entwässerungsanlagen und deren Überprüfung in den Tagebauen „Burghammer“ und „Glückauf“. — Bergbautechnik, **16**, 9, 463—468, Leipzig 1966.

RICHTER, L.: Zur Berechnung der Grundwasserfördermengen bei freiem Wasserspiegel im Braunkohlenbergbau. — Bergbautechnik, **16**, 1, 10 bis 16, Leipzig 1966 [1966a].

— Berechnungsverfahren zur Bestimmung der Absenkungsreichweiten bei Tagebauentwässerungen und Grundwasserhaltungen. — Bergbautechnik, **16**, 8, 393—400, Leipzig 1966 [1966b].

— Zur Bestimmung der Absenkungsreichweite bei Grundwasserfassungsanlagen. — Z. angew. Geol., **13**, 8, 407—415, Berlin 1967.

— Die Ermittlung von Abständen paralleler Entwässerungsstrecken und Filterbrunnenreihen bei Tagebauentwässerungen. — Z. angew. Geol., **14**, 8, 420—429, Berlin 1968.

SCHNEIDER, H., CH. TRUELSEN & H. THIELE: Die Wassererschließung. — Vulkan Verl., Essen 1952.

SCHULZE, J., O. CALDONAZZI & B. HAFERKORN: Optimaler Entwässerungsvorlauf im Tagebau Witznitz II. — Bergbautechnik, **18**, 6, 293—298, Leipzig 1968.

SICHARDT, W.: Das Fassungsvermögen von Rohrbrunnen und seine Bedeutung für die Grundwasserabsenkung, insbesondere für größere Absenktiefen. — Verl. Julius Springer, Berlin 1928.

SIEMON, H.: Berechnung von Grundwasserabsenkungen unter Berücksichtigung des Grundwasserhaushaltes. — Unveröff. Diss. Techn. Hochschule Aachen 1957.

WEBER, H.: Wasserhaltung. — Grundbau-Taschenbuch, Bd. I, 727—760, Verl. Wilhelm Ernst & Sohn, Berlin 1955.

ZIESCHANG, J.: Geologisch-hydraulische Betrachtungen der Wasserdurchlässigkeit von Lockergesteinsgrundwasserleitern. — Z. angew. Geol., **8**, 5, 226—233, Berlin 1962.

— Zur Grundwasserklassifikation und zur Analyse des Grundwasserdargebots. — Z. angew. Geol., **9**, 3, 137—140, Berlin 1963.

Klassifikationen, Instruktionen und Richtlinien der ZVK für mineralische Rohstoffe der DDR. — Wiss.-techn. Inform.-Dienst zentr. geol. Inst., **5**, Sonderh. 2, Berlin 1964.

Klassifikation der Grundwasservorräte der Deutschen Demokratischen Republik. — 1. Grundwasservorratsklassifikation vom 15. 4. 1966. — Z. angew. Geol., **12**, 8, 421—423, Berlin 1966.

Instruktion zur Anwendung der „Klassifikation der Grundwasservorräte der DDR“. — 1. Grundwasser-Instruktion vom 1. 7. 1967. — Z. angew. Geol., **14**, 1, 29—35, Berlin 1968.

Zeitschrift für angewandte Geologie, Bd. 15 (1969), Heft 5

Vergleichende bodenphysikalische Untersuchungen von vier Lockergesteinstypen mit verschiedenen Proctor-Geräten

MARIANNE REH, Berlin

Einleitung

Die Untersuchungen dienten dem Ziel, eine Vergleichsbasis für folgende in der DDR verwendete PROCTOR-Geräte zu schaffen und die Gründe für eventuell auftretende unterschiedliche Ergebnisse der PROCTOR-Dichte festzustellen:

1. Handgerät	DDR/ZGI[1])
2. Mechanisches Gerät	DDR/ZGI
3. Mechanisches Gerät	VR Polen/ZGI[2])
4. Mechanisches Gerät	DDR/FA[3])

1. Allgemeine Angaben

Der PROCTOR-Versuch ist eine Bodenverdichtungsprüfung. Er wurde nach dem amerikanischen Ingenieur PROCTOR benannt, der in den dreißiger Jahren erstmalig ein Laborgerät entwickelte, das einen Vergleich mit den in der Praxis angewandten Verdichtungsgeräten gestattete. Als Versuchsmaßstab gilt die unter einer konstanten Verdichtungsarbeit in einem Prüfzylinder bei verschiedenen Wassergehalten erreichte größte Trockenrohdichte. Die hierbei erzielte Verdichtung soll etwa einer Wirkung entsprechen, die mit einer 5-t-Schaffußwalze bei 12 bis 16 Arbeitsgängen in tonigem Lockergestein erzielt wird. Der Versuch sagt nichts über die Scherfestigkeit und Belastbarkeit des Bodens und über andere Einflüsse aus. Er ist sehr einfach und läßt sich auch auf der Baustelle als Kontrollversuch durchführen. Zu unterscheiden ist zwischen der einfachen PROCTOR-Dichte mit einer Verdichtungsarbeit von 6,03 kp cm/cm³ und der verbesserten mit einer Verdichtungsarbeit von 27,5 kp cm/cm³. Vorliegende Untersuchungen wurden nur mit der einfachen PROCTOR-Dichte vorgenommen.

2. Wahl des zu untersuchenden Materials und Angabe der wichtigsten petrographischen und bodenphysikalischen Kennziffern

Der PROCTOR-Versuch wird ausschließlich an Lockergesteinen durchgeführt. Für die vorliegende Arbeit kam es also darauf an, diejenigen Lockergesteine herauszusuchen, die der spezifischen Themenstellung — Feststellung der unterschiedlichen Arbeitsweise einzelner PROCTOR-Geräte – gerecht wurden. Gleichzeitig empfahl es sich, ein Material zu wählen, das in der Praxis als Baugrund anzutreffen ist bzw. als Baumaterial Verwendung findet.

Auf Grund bisheriger Erfahrungen bei PROCTOR-Versuchen bot sich vor allem die Wahl von bindigen Gesteinen an, da sich bei diesen die PROCTOR-Dichte relativ exakt bestimmen läßt und die bei den einzelnen Teilversuchen errechneten Ergebnisse einen einwandfreien Verlauf der Verdichtungskurve ergeben.

Bei nichtbindigen Gesteinen ist der Verlauf der Verdichtungskurve weniger prägnant und die Feststellung der PROCTOR-Dichte oft problematisch. Andererseits bot aber der PROCTOR-Versuch mit nichtbindigen Gesteinen die Möglichkeit, die Arbeitsweise der Geräte im „Grenzbereich" zu testen.

Aus diesen Gründen wurden für die Versuchsdurchführung folgende Lockergesteinstypen ausgesucht: Geschiebemergel, Löß, Talsand und Dünensand.

Eine Darstellung der geologischen Verhältnisse sowie der petrographischen Untersuchungsmethoden würde den Rahmen der vorliegenden Arbeit überschreiten. Es wird daher nur auf die Ergebnisse eingegangen, die für die PROCTOR-Dichte von Einfluß sind.

Geschiebemergel

Der untersuchte weichselglaziale Geschiebemergel der Barnimhochfläche besitzt einen Kalkgehalt von 5,6%. Nach der Kornverteilungskurve liegt ein stark schluffiger Fein- bis Mittelsand mit einem Ungleichförmigkeitsgrad von $U = 142$ vor. Die Bildsamkeit w_{fa} liegt bei 7,90%. Der Sättigungsgrad beträgt 96,26% und das Wasseraufnahmevermögen $w_e = 41{,}70\%$.

Mineralogische Zusammensetzung: Quarz = 94,5%; Feldspat = 3,5%; Glimmer = 0,5% sowie opake Bestandteile und Schwerminerale.

Der Rundungsgrad, nach Vergleichsmustern von PETTIJOHN ermittelt und nach BENTZ errechnet, beträgt $R = 3{,}2$.

Löß

Der aus dem Staßfurter Raum entnommene Löß enthält 8,6% Kalk. Es ist ein feinsandiger Schluff mit dem Ungleichförmigkeitsgrad $U = 4{,}63$. Die Bildsamkeit w_{fa} beträgt 3,20%, der Löß ist zu 30% wassergesättigt und besitzt ein Wasseraufnahmevermögen von $w_e = 33\%$.

Mineralogische Zusammensetzung: Quarz = 92%; Feldspat = 2%; Glimmer = 5% sowie opake Bestandteile und Schwerminerale.

Der Rundungsgrad liegt bei $R = 3{,}1$.

Talsand

Der Talsand aus dem Berliner Urstromtal ist ein grobsandiger Mittelsand mit einem Ungleichförmigkeitsgrad $U = 2{,}08$.

Mineralogische Zusammensetzung: Quarz = 94%; Feldspat = 5% sowie opake Bestandteile und Schwerminerale.

Rundungsgrad $R = 3{,}3$. Dieser Wert wird, Literaturangaben zufolge, nur von äolischen Sanden erreicht.

Dünensand

Der Dünensand einer Flußdüne im obengenannten Talsandgebiet ist ein feinsandiger Mittelsand mit einem Ungleichförmigkeitsgrad von $U = 1{,}86$.

Mineralogische Zusammensetzung: Quarz = 95%; Feldspat = 4% sowie opake Bestandteile und Schwerminerale.

Der Rundungsgrad R beträgt 3,6.

Eingang des Manuskripts in der Redaktion: 24. 10. 1968.

[1]) PROCTOR-Gerät, hergestellt in der DDR, im Besitz des Zentralen Geologischen Instituts.

[2]) PROCTOR-Gerät, hergestellt in der VR Polen, im Besitz des Zentralen Geologischen Instituts.

[3]) PROCTOR-Gerät, hergestellt in der DDR, im Besitz der Forschungsanstalt für Schiffahrt, Wasser- und Grundbau.

3. Beschreibung der zu testenden Proctor-Geräte und Gegenüberstellung mit TGL 11 462

Das Handgerät (s. Abb. 1a) besteht aus einem PROCTOR-Topf und dem zugehörigen Stampfer. Der PROCTOR-Topf setzt sich aus Grundplatte, Grundzylinder, Zwischen- und Aufsatzring zusammen. Der Stampfer wird unterteilt in die Führungsstange mit Handgriff, die Fallmasse und den Amboß. Bei der Versuchsdurchführung wird die Führungsstange mit dem Amboß auf das zu verdichtende Material aufgesetzt, das Fallgewicht bis zum Anschlag angehoben und fallengelassen. Nach jedem Schlag ist der Stampfer umzusetzen, um die Gesamtfläche gleichmäßig zu verdichten.

Das mechanische Gerät DDR/ZGI (s. Abb. 1b) besitzt einen ähnlichen PROCTOR-Topf. Der Stampfer besteht nur aus dem Fallgewicht, das zwischen zwei Führungsstangen läuft und direkt auf die Probe fällt. Es wird von einer vertikal umlaufenden Kette an einem Nocken bis zur festgelegten Fallhöhe angehoben. Der Antrieb der Kette sowie das Umsetzen des PROCTOR-Topfes erfolgt über einen Elektromotor. Die Fallhöhe muß nach jedem Teilversuch neu an einer Verstellschraube eingestellt werden, sie ändert sich während eines Teilversuchs um einige Millimeter. Das Gerät schaltet sich nach 25 Schlägen automatisch aus.

Tab. 1 zeigt die Versuchsbedingungen für die einzelnen Geräte im Vergleich zur TGL.

Tabelle 1

Versuchs-bedingungen	Handgerät DDR/ZGI (entspr. TGL)	mechan. Gerät DDR/ZGI	mechan. Gerät VR Polen/ ZGI	mechan. Gerät DDR/FA
einfache PROCTOR-Dichte	e. P.	e. P.	e. P.	e. P.
größter zulässiger Korndurchmesser von 75% der Probenmasse in mm	10	10	10	10
Fallmasse in kg	2,5	2,5	2,5	2,5
Fallhöhe in mm	450	450	300	450
Schichtzahl	3	3	3	3
Anzahl der Schläge je Schicht	25	25	25	25
benötigte Probenmasse je Teilversuch in kg	3,5	3,5	2,5	3,5
Verdichtungsarbeit in kp cm/cm³	6,03	6,03	5,67	6,03

Das mechanische Gerät VR Polen/ZGI (s. Abb. 1c) besitzt ebenfalls nur ein Fallgewicht. Es ist an einen Zahnstab angeschraubt. Der Stampfer sitzt in einem Führungsstück, das zwischen zwei vertikalen Stangen befestigt ist. Der Antrieb erfolgt über einen Elektromotor mit zugehöriger Pleuelstange. Das Fallgewicht wird durch den Schlitten der Pleuelstange über den Zahnstab des Stampfers angehoben. Die Fallhöhe stellt sich nach jedem Teilversuch automatisch ein und ist in jeder Phase des Versuches konstant. Die Anzahl der Schläge muß nach jedem Teilversuch neu eingestellt werden.

Dem Handgerät nachgestaltet ist das mechanische Gerät DDR/FA (s. Abb. 1d). Eine zweite vertikal umlaufende Kette hebt beim automatischen Umsetzen des PROCTOR-Topfes den Amboß an. Die Fallhöhe wird durch Wegnahme von Unterlagsscheiben eingestellt. Sie ist in jeder Phase des Versuches konstant. Das Gerät schaltet sich nach 25 Schlägen automatisch aus.

4. Technische Voruntersuchungen

Vor Beginn der eigentlichen Hauptversuche an den vier PROCTOR-Geräten mit den obengenannten Lockergesteinstypen wurde eine Reihe von Faktoren untersucht, die unabhängig von der Art des verwendeten Materials unter Umständen zu einem unterschiedlichen Ergebnis in der Verdichtung führen könnten.

Einfluß der einzubauenden Schichtstärke auf die Proctor-Dichte

Laut TGL 11462 ist die Schichtstärke des Materials so zu bemessen, daß sie nach erfolgter Verdichtung ein Drittel der Zylinderhöhe beträgt. Aus physikalischen Erwägungen muß jedoch eingewandt werden, daß die Verdichtung der untersten Schicht infolge der unmittelbaren Auflagerung auf der massiven Zylindergrundplatte am stärksten ist. Dagegen tritt bei der zweiten und dritten Schicht eine Dämpfung des Stoßes durch das Probenmaterial ein, was sich in einer geringeren Verdichtung bemerkbar machen müßte. Hinzu kommt, daß ein Teil der Verdichtungsarbeit für die oberen Schichten auch auf die unterste Schicht einwirkt, was durch Versuche mit Geschiebemergel in einem aufklappbaren PROCTOR-Zylinder bestätigt wurde. Die unterste Schicht betrug nach ihrer Verdichtung 5,2 cm, nach der Verdichtung der restlichen zwei Schichten jedoch nur noch 4,7 cm.

Tabelle 2

	9–4–2 cm		7–5–3 cm		5–5–5 cm	
	ϱ_P g/cm³	w_P %	ϱ_P g/cm³	w_P %	ϱ_P g/cm³	w_P %
Mittelwert aus zwei Versuchen	1,83	14,8	1,88	14,5	1,87	14,5

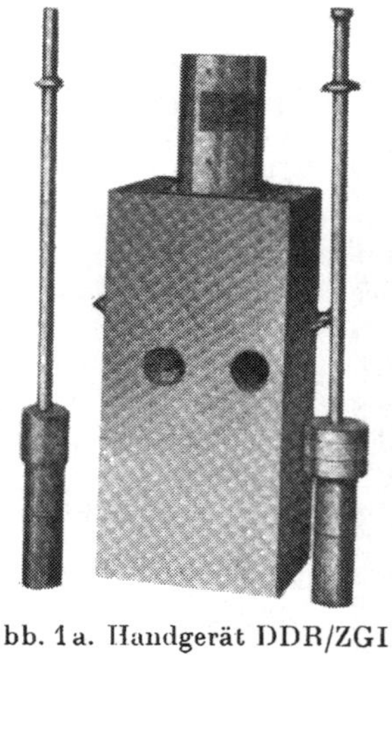

Abb. 1a. Handgerät DDR/ZGI

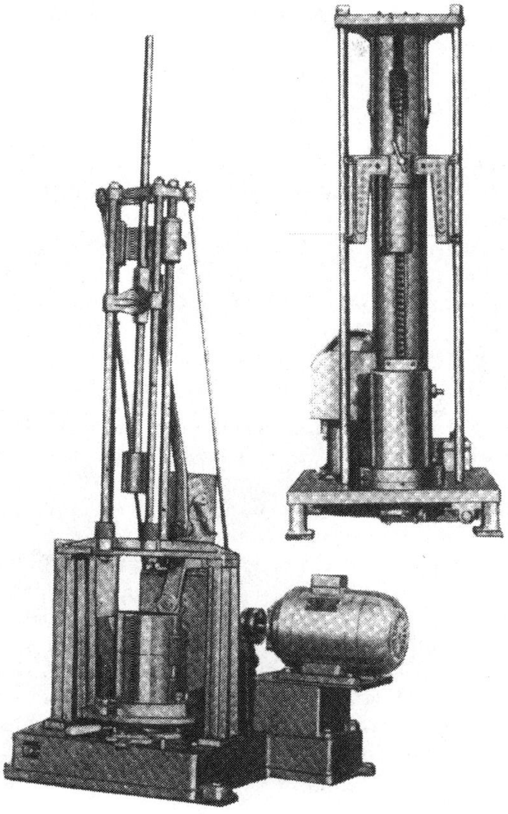

Abb. 1 b. Mechanisches Gerät DDR/ZGI (rechts oben)
Abb. 1 c. Mechanisches Gerät VR Polen/ZGI (links)

Bei der Ermittlung der PROCTOR-Dichte wurden drei verschiedene Versuchsreihen mit folgenden Schichtstärken (nach erfolgter Verdichtung) angesetzt:

a) 9—4—2 cm,
b) 7—5—3 cm,
c) 5—5—5 cm.

Als Probenmaterial diente Lehm.

Die Variation nach 7—5—3 cm wirkte sich in einer geringfügigen Erhöhung der PROCTOR-Dichte aus, während die normale Schichtstärke 0,5%, die extreme 3% unter diesem Wert lag (s. Tab. 2). Daraus geht hervor, daß geringfügige Abweichungen von der laut TGL einzubauenden Schichtstärke keinen wesentlichen Einfluß auf das Ergebnis haben.

Ermittlung der Überhöhe im Aufsatzring

Laut TGL soll die letzte verdichtete Schicht nicht mehr als 1,0 cm in den Aufsatzring hineinreichen. Es ist jedoch sehr schwer, die gewünschte Toleranz unter Berücksichtigung der unterschiedlichen Materialien und Wassergehalte einzuhalten. Daher wurde der Einfluß der unterschiedlichen Überhöhen im Aufsatzring überprüft (s. Tab. 3).

Danach empfiehlt es sich, bei Geschiebemergel die in der TGL vorgeschriebene Toleranz von maximal 1 cm einzuhalten, da bei 2 bis 3 cm Überhöhe eine Verminderung der PROCTOR-Dichte um 1% auftritt. Beim Dünensand hingegen führt eine vergrößerte Überhöhe zu einer höheren PROCTOR-Dichte von 0,6%. Die Ursache hierfür liegt im verwendeten Material. Bei bindigen Lockergesteinen wird die Oberfläche der verdichteten Schichten vollkommen durch das Fallgewicht geglättet. Eine vergrößerte Überhöhe muß folglich bei sonst gleichen Versuchsbedingungen zu einer geringeren Verdichtungsarbeit und somit zu einer geringeren PROCTOR-Dichte führen.

Tabelle 3

Bezeichnung	0,5—1,0 cm		2,0—3,0 cm	
	ϱ_p g/cm³	w_p %	ϱ_p g/cm³	w_p %
Geschiebemergel (Mittelwert aus zwei Versuchen)	2,10	10,0	2,08	9,5
Dünensand (Mittelwert aus zwei Versuchen)	1,76	12,5	1,77	12,8

Bei Sanden dagegen hinterläßt das Fallgewicht Eindrücke von 2 bis 3 cm. Wird die laut TGL vorgeschriebene Überhöhe von 1 cm eingehalten, so verbleiben nach dem Abstreichen Restvertiefungen, die nur mit lockerem Material ausgefüllt sind und somit die PROCTOR-Dichte geringfügig herabsetzen.

Einfluß der Kornzertrümmerung auf die Proctor-Dichte

Um bei mehrmaliger Verwendung einer Probe den Einfluß der Kornzertrümmerung auf die PROCTOR-Dichte festzustellen, wurde Mittel- bis Grobsand mit einem Ungleichförmigkeitsgrad von $U = 3{,}70$ in zwei Reihen untersucht:

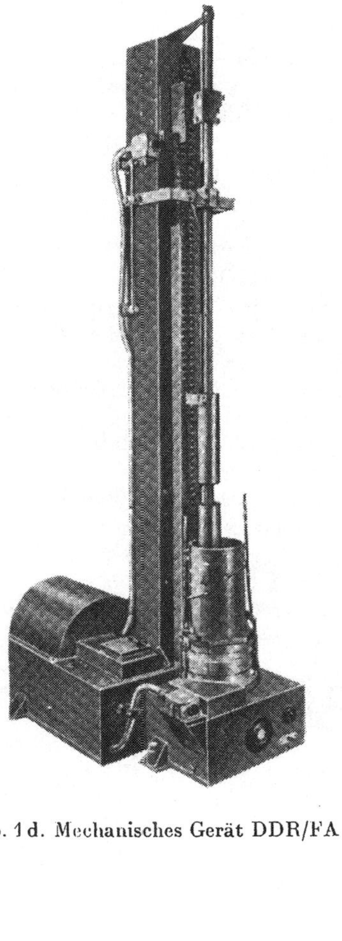

Abb. 1 d. Mechanisches Gerät DDR/FA

a) bei Wechsel des Probenmaterials nach jedem Teilversuch,

b) bei durchgehender Verwendung des gleichen Probenmaterials.

Tabelle 4

	Wechsel des Probenmaterials		gleiches Probenmaterial	
	ϱ_p g/cm³	w_p %	ϱ_p g/cm³	w_p %
Mittelwert aus drei Versuchen	1,92	10,0	1,93	10,0
U vor dem Versuch	3,70			
U nach dem Versuch	3,33			

Die Abweichung der PROCTOR-Werte um 0,5% ist indiskutabel. Bemerkenswert dagegen erscheint zunächst die Differenz des Ungleichförmigkeitsgrades von 10,8%. Hier sind der Unsicherheitsfaktor der Probenahme sowie Ungenauigkeiten bei der Konstruktion der Kornverteilungskurve mit zu berücksichtigen. Jedoch ist einwandfrei festzustellen, daß bei fein- bis mittelkörnigem Material die Kornzertrümmerung auf die PROCTOR-Dichte keinen nennenswerten Einfluß hat.

Wasseraustritt bei Sanden

Bei Versuchen mit Sanden konnte festgestellt werden, daß ein Wasseraustritt noch vor Erreichen der PROCTOR-Dichte einen geringen Einfluß auf die angestrebte PROCTOR-Dichte hat. Dieser Wasseraustritt kann durch Verwendung neuen Materials kurz vor Erreichen der günstigsten PROCTOR-Dichte verzögert werden. Die Ursache hierfür liegt wahrscheinlich in der größeren Adhäsion eines lufttrockenen Lockergesteins, das zum erstenmal benetzt wird, gegenüber einer bereits durchfeuchteten Probe.

5. Bodenphysikalische Untersuchungen der einzelnen Lockergesteine

Geschiebemergel

Um einen guten Durchschnittswert zu erhalten und um durch äußere Einflüsse bedingte Fehler zu vermeiden, wurden sechs Versuche an jedem Gerät durchgeführt. Jeder Versuch setzte sich aus 5 bis 6 Teilversuchen zusammen. Nach jedem zweiten Teilversuch erfolgte eine Erneuerung des Materials.

Die Abweichungen der PROCTOR-Dichten innerhalb einer Versuchsreihe betragen maximal 1%. Ein Vergleich der Mittelwerte untereinander ergibt jedoch wesentliche Unterschiede. Das mechanische Gerät DDR/ZGI erreicht die höchste PROCTOR-Dichte von $\varrho_p = 2{,}10$ g/cm³. Setzt man diesen Wert gleich 100%, so ergeben sich für die anderen Geräte folgende bemerkenswerte Abweichungen:

mechanisches Gerät	VR Polen/ZGI	$= \varrho_p = 2{,}04 = -3\%$,
Handgerät	DDR/ZGI	$= \varrho_p = 2{,}02 = -4\%$,
mechanisches Gerät	DDR/FA	$= \varrho_p = 1{,}98 = -6\%$.

Die zugehörigen günstigsten Wasserzahlen differieren nur unbedeutend von 10 bis 11%, lassen aber ihre fallende Tendenz bei steigender PROCTOR-Dichte erkennen.

Der Grad der Verdichtung, der mit den einzelnen Geräten erreicht wurde, wird in der Formel

$$\Delta_V = \left(\frac{\varrho_p}{\varrho_t} - 1\right) \cdot 100\,[\%]$$

ausgedrückt durch das Verhältnis der ermittelten PROCTOR-Dichte zur Trockenrohdichte des natürlichen Gesteins.

Je größer der Wert Δ_V, um so größer ist die erreichte Verdichtung. Der Verdichtungsgrad des untersuchten Gesteins beträgt für die einzelnen Geräte:

mechanisches Gerät	DDR/ZGI	= 5%,
mechanisches Gerät	VR Polen/ZGI	= 2%,
Handgerät	DDR/ZGI	= 1%,
mechanisches Gerät	DDR/FA	= − 1%.

Die Differenzen hängen nur mit der unterschiedlichen Verdichtungsarbeit der einzelnen Geräte zusammen, da die in den Vorversuchen gewonnenen Erkenntnisse bzw. festgestellten Abweichungen in der Gerätedimensionierung berücksichtigt wurden.

Der Vergleich der einzelnen PROCTOR-Geräte in bezug auf die erreichten PROCTOR-Dichten fällt eindeutig zugunsten des mechanischen Gerätes DDR/ZGI aus. Es ist daher zu empfehlen, die PROCTOR-Dichten dieses Gerätes als Bezugsbasis für die Werte der anderen Geräte zu benutzen. Danach ergeben sich für die PROCTOR-Dichten des untersuchten Geschiebemergels bei den einzelnen Geräten folgende Umrechnungsfaktoren:

mechanisches Gerät	DDR/ZGI	= 1,000,
mechanisches Gerät	VR Polen/ZGI	= 1,029,
Handgerät	DDR/ZGI	= 1,040,
mechanisches Gerät	DDR/FA	= 1,061.

Das Handgerät sollte als Bezugsbasis nicht gewählt werden, da es zu stark von subjektiven Einflüssen abhängig ist und zu körperlichen Mehrbeanspruchungen führt.

Löß

Die Untersuchung des Lößes erfolgte in der gleichen Art wie die des Geschiebemergels. Es wurden lediglich nur vier Versuche pro Gerät durchgeführt. Innerhalb einer Versuchsreihe weisen die PROCTOR-Dichten vollkommene Übereinstimmung auf. Beim Vergleich der Mittelwerte ist wieder die wesentlich höhere PROCTOR-Dichte des mechanischen Gerätes DDR/ZGI mit $\varrho_p = 1{,}86$ g/cm³ auffällig. Wird dieses Gerät wieder als Bezugsbasis bewählt, so betragen die Abweichungen:

Handgerät	DDR/ZGI	$= 1{,}82 = -2\%$,
mechanisches Gerät	VR Polen/ZGI	$= 1{,}81 = -3\%$,
mechanisches Gerät	DDR/FA	$= 1{,}79 = -4\%$.

Die Mittelwerte der günstigsten Wasserzahlen weisen größere Abweichungen auf als beim Geschiebemergel (12%). Die Ursache dürfte auf den geringen Ungleichförmigkeitsgrad des Lößes mit $U = 4{,}63$ zurückzuführen sein.

Der Verdichtungsgrad für den Löß ist infolge des großen Porenanteils erheblich:

mechanisches Gerät	DDR/ZGI	= 20%,
Handgerät	DDR/ZGI	= 17,4%,
mechanisches Gerät	VR Polen/ZGI	= 16,8%,
mechanisches Gerät	DDR/FA	= 15,5%.

Für die PROCTOR-Dichte ergeben sich wie beim Geschiebemergel Umrechnungsfaktoren für die einzelnen

Geräte. Bezugsbasis ist wieder das mechanische Gerät DDR/ZGI:

mechanisches Gerät	DDR/ZGI	= 1,000,
Handgerät	DDR/ZGI	= 1,022,
mechanisches Gerät	VR Polen/ZGI	= 1,028,
mechanisches Gerät	DDR/FA	= 1,039.

Neben den PROCTOR-Versuchen wurde weiterhin der Eindringungswiderstand ermittelt, der innerhalb der Versuchsreihen sehr unterschiedlich war. Die für bindige Lockergesteine typische Abnahme des Eindringungswiderstandes bei zunehmendem Wassergehalt war jedoch einwandfrei zu erkennen.

Talsand

Die Mittelwerte stammen wiederum aus sechs Versuchen mit Probenwechsel nach jedem Teilversuch.

Im Unterschied zu den Trockenrohdichten bei Geschiebemergel und Löß streuen die Werte bei Talsand sehr stark und weisen wiederholt Extremwerte auf, die die Konstruktion der Verdichtungskurve problematisch machen. In den Schwankungen konnten keine Gesetzmäßigkeiten festgestellt werden. Mehrere Versuche weisen aber eine stetige Zu- bzw. Abnahme der Trockenrohdichten bei steigendem Einbauwassergehalt auf, wodurch ein einwandfreier Verlauf der Verdichtungskurve erreicht wurde. Daraus ergibt sich, daß die einzelnen Extremwerte auf fehlerhaftes Arbeiten zurückzuführen sind. Die Ursache der Fehler liegt vermutlich in einer Entmischung während der Verdichtung. Während bei niedrigen Wassergehalten die untere Schicht im PROCTOR-Zylinder nach der Verdichtung einen höheren Feuchtigkeitsgehalt aufweist als die obere Schicht, ist es bei hohen Wassergehalten umgekehrt. Diese Fehlerquelle läßt sich bei noch so sorgfältiger Probenahme (oben, Mitte, unten) nicht immer umgehen. Bei der Konstruktion der Verdichtungskurve kommt es darauf an, eventuelle Extremwerte ober- und unterhalb der Kurve auszugleichen. Bei Sanden tritt ferner das Problem der vorzeitigen Wasserabgabe auf. Durch Verwendung neuen Materials läßt sie sich etwas verzögern, jedoch nicht ganz umgehen, besonders wenn es gilt, wenigstens einen Wert im abfallenden Kurvenbereich zu erhalten.

Vergleicht man die PROCTOR-Dichten des Talsandes innerhalb der Versuchsreihen, so zeigen sich nur geringe Abweichungen (1%). Die Mittelwerte der Versuchsreihen ergeben untereinander folgende Abweichungen:

mechanisches Gerät	DDR/ZGI	= ϱ_P 1,81 =	0,0%,
Handgerät	DDR/ZGI	= ϱ_P 1,81 =	0,0%,
mechanisches Gerät	VR Polen/ZGI	= ϱ_P 1,80 =	− 0,6%,
mechanisches Gerät	DDR/FA	= ϱ_P 1,76 =	− 2,8%.

Die etwas größere Differenz beim Gerät der Forschungsanstalt ist darauf zurückzuführen, daß die Wassergehaltsbestimmung aus dem in der Schüssel angerührten Material erfolgte. Im Zentralen Geologischen Institut, Berlin, wird dagegen der Wassergehalt durch Probenentnahme aus dem verdichteten Material bestimmt. Auf die Methode der Forschungsanstalt umgerechnet, ergeben sich für obengenannte Versuchsreihen folgende Werte:

Handgerät	DDR/ZGI	= ϱ_P 1,785 =	0,0%,
mechanisches Gerät	DDR/ZGI	= ϱ_P 1,785 =	0,0%,
mechanisches Gerät	VR Polen/ZGI	= ϱ_P 1,775 =	−0,5%,
mechanisches Gerät	DDR/FA	= ϱ_P 1,76 =	−1,4%.

Bei der Ermittlung des Verdichtungsgrades sind für die einzelnen Geräte folgende Δ_V-Werte errechnet worden:

mechanisches Gerät	DDR/ZGI	= 11,0%	(9,5%),
Handgerät	DDR/ZGI	= 11,0%	(9,5%),
mechanisches Gerät	VR Polen/ZGI	= 10,0%	(8,9%),
mechanisches Gerät	DDR/FA	= 8,0%	(8,0%).

Die Klammerwerte ergeben sich bei der Umrechnung entsprechend der Versuchsdurchführung in der Forschungsanstalt. Wie bei allen bisher ermittelten Ergebnissen des Talsandes sind auch hier die auftretenden Unterschiede gering.

Das mechanische Gerät DDR/ZGI zeigt wieder die höchste PROCTOR-Dichte. Die Differenz ist jedoch unbedeutend.

Dünensand

Die bereits beim Talsand festgestellten Extremwerte der Trockenrohdichten während der einzelnen Teilversuche treffen auch für den Dünensand zu.

Die Einzelergebnisse jedes Gerätes stimmen größtenteils überein. Auftretende Abweichungen, bezogen auf den Mittelwert der Versuchsreihe, sind kaum nennenswert.

Ein Vergleich der Mittelwerte zeigt, daß die Differenzen zwischen den einzelnen Geräten noch geringer geworden sind als beim Talsand. Die höchste PROCTOR-Dichte mit ϱ_P 1,76 g/cm^3 wird vom Handgerät erreicht. Im Vergleich zu diesem Wert weisen die restlichen Geräte folgende prozentuale Abweichungen auf:

mechanisches Gerät	DDR/ZGI	= −0,6%,
mechanisches Gerät	VR Polen/ZGI	= −0,6%,
mechanisches Gerät	DDR/FA	= −1,7%.

Die etwas größere Abweichung beim Gerät der Forschungsanstalt ist wieder auf die unterschiedlichen Versuchsbedingungen zurückzuführen. Auf die höchste PROCTOR-Dichte umgerechnet, ergeben sich folgende Abweichungen:

Handgerät	DDR/ZGI	= ϱ_P 1,745 =	0,0%,
mechanisches Gerät	DDR/ZGI	= ϱ_P 1,745 =	0,0%,
mechanisches Gerät	VR Polen/ZGI	= ϱ_P 1,740 =	−0,3%,
mechanisches Gerät	DDR/FA	= ϱ_P 1,73 =	−0,9%.

Gegenüber dem Talsand lassen sich ein weiteres Verflachen des Kurvenanstiegs sowie eine weitere Verringerung der Abweichungen feststellen.

Der Dünensand wurde von den einzelnen Geräten wie folgt verdichtet:

Handgerät	DDR/ZGI	= 9,3%	(8,4%),
mechanisches Gerät	DDR/ZGI	= 8,7%	(8,4%),
mechanisches Gerät	VR Polen/ZGI	= 8,7%	(8,1%),
mechanisches Gerät	DDR/FA	= 7,5%	(7,5%).

Ein zusammenfassender Vergleich läßt die immer größere Annäherung der Ergebnisse bei abnehmender Ungleichförmigkeit erkennen. Während bei den bindigen Lockergesteinen die Abnahme der Differenzen zwischen den erreichten PROCTOR-Dichten (Geschiebemergel zu Löß) nur gering war, ergab sich bei den Sanden eine zunehmende Übereinstimmung aller Werte. Hier ist zu berücksichtigen, daß die Dichte, die ein nichtbindiges Lockergestein annehmen kann, von Kornaufbau, Kornform und Kornrauhigkeit abhängig ist. Bei einem gleichkörnigen Material bleiben selbst bei größter Verdichtungsarbeit noch größere Hohlräume zwischen den Einzelteilchen bestehen. Dagegen läßt sich bei einem ungleichkörnigen Lockergestein mit gedrungener und eckiger Form der Einzelkörner eine bedeutend dichtere Lagerung erzielen. Die Kornrauhigkeit entsteht durch die gegenseitige Reibung der Körner

Tabelle 5

Lockergesteinstyp	U	Handgerät DDR/ZGI		mech. Gerät DDR/ZGI		mech. Gerät VR Polen/ZGI		mech. Gerät DDR/FA	
		ϱ_P g/cm³	w_P %	ϱ_P g/cm³	w_P %	ϱ_P g/cm³	w_P %	ϱ_P g/cm³	w_P %
Geschiebemergel	142,0	2,02	10,0	2,10	9,5	2,04	10,0	1,98	11,0
Löß	4,63	1,82	14,0	1,86	12,5	1,81	13,0	1,79	14,0
Talsand	2,08	1,81	13,0	1,81	13,0	1,80	12,5	1,76	13,5
Dünensand	1,86	1,76	12,0	1,75	12,0	1,75	12,0	1,73	14,0
Talsand 0,5–0,63 mm	~1	1,665	13,25	1,67	13,5	1,675	14,5	–	–
Dünensand 0,2–0,3 mm	~1	1,68	16,25	1,68	16,0	1,675	15,5	–	–

untereinander. Die Verminderung der inneren Reibung wird durch Wasserzugabe vor der Verdichtung erreicht. Das Wasser wirkt gleichsam als Schmiermittel. Die Umlagerung der Einzelkörner geschieht um so leichter, je feinkörniger das Material und je runder die Kornform ist. Daraus folgt, daß sich bei geringem Ungleichförmigkeitsgrad und gut gerundeter Kornform geringe Unterschiede in der Verdichtungsarbeit der einzelnen Geräte kaum bemerkbar machen.

Gleichzeitig ergibt sich die Schlußfolgerung, daß bei einem Ungleichförmigkeitsgrad von $U = 1$ keine Differenzen zwischen den einzelnen Geräten mehr auftreten dürften. Die Ermittlung des Ausgleichsfaktors erscheint auch hier auf Grund der geringen Differenzen unzweckmäßig.

Untersuchung von Material in Siebfraktion

Zur Bestätigung der Schlußfolgerungen wurden an der Talsandfraktion 0,5—0,63 mm sowie der Dünensandfraktion 0,2—0,3 mm mit den Geräten des Zentralen Geologischen Instituts zwei Versuche durchgeführt.

Die Differenzen der Mittelwerte liegen mit 0,6% für die Talsandfraktion bzw. 0,3% für die Dünensandfraktion mit der besseren Kornrundung im Genauigkeitsbereich der gesamten Versuchsdurchführung.

6. Auswertung der Ergebnisse

In Tab. 5 sind die Mittelwerte der vier untersuchten Lockergesteine sowie der ausgesiebten Kornfraktionen zusammengefaßt.

Aus den Werten geht hervor, daß mit abnehmendem Ungleichförmigkeitsgrad die von den einzelnen Geräten ermittelten PROCTOR-Dichten eine immer bessere Übereinstimmung zeigen.

Die deutlichen Unterschiede bei den bindigen Lockergesteinen sind vor allem auf die unterschiedliche Verdichtungsarbeit der einzelnen Geräte zurückzuführen. Bei der weiteren Testarbeit mit den PROCTOR-Geräten empfiehlt es sich, das mechanische Gerät DDR/ZGI als Bezugsbasis zu benutzen. Es weist bei der laut TGL 11462 geforderten Verdichtungsarbeit von 6,03 kp cm/cm³ die höchsten PROCTOR-Dichten und den geringsten Luftporenanteil auf.

Aus den für die einzelnen Geräte ermittelten Faktoren für die Umrechnung könnte bei weiteren Arbeiten im Labor auf die Mittelwerte aus den einzelnen Lockergesteinen zurückgegriffen werden. Zweckmäßiger und genauer ist jedoch die Aufstellung eines Diagramms mit Ungleichförmigkeitsgrad und Umrechnungsfaktor (s. Abb. 2). Aus den sich ergebenden Geraden kann für jedes Gerät der Umrechnungsfaktor abgelesen werden. Hierbei ist zu berücksichtigen, daß nur zwei bindige Lockergesteinstypen untersucht wurden, sich also nur zufällig ein linearer Anstieg ergibt.

Bei den untersuchten Sanden stimmen die von den einzelnen Geräten erreichten PROCTOR-Dichten fast überein. Die Ursache ist in den geringen Reibungskräften zu suchen, die auf den niedrigen Ungleichförmigkeitsgrad und die gerundete Kornform zurückzuführen sind. Durch Wasserzusatz wird bei der Verdichtung eine leichtere Umlagerung ermöglicht. Die Unterschiede in der Verdichtungsarbeit gleichen sich weitgehend aus. Eine Umrechnung auf die höchste PROCTOR-Dichte erscheint daher nicht notwendig. Sollten sich bei höheren Ungleichförmigkeitsgraden größere Differenzen hinsichtlich der erreichten PROCTOR-Dichte ergeben, so könnte auch hier durch Aufstellung eines analogen Diagramms für nichtbindiges Material eine Beziehung zwischen den einzelnen Geräten geschaffen werden.

Allgemein ergeben sich für die PROCTOR-Dichte und den zugehörigen Wassergehalt folgende Beziehungen:

Der Mineralbestand bindiger Lockergesteine beeinflußt die beim PROCTOR-Versuch zu erreichende Trockenrohdichte durch die Reindichte sowie das Wasserbindevermögen und die davon abhängigen plastischen Eigenschaften der Feinstteilchen. Je größer der Tonanteil des Materials, um so mehr nehmen der günstigste Wassergehalt zu und die PROCTOR-Dichte ab. Solche Lockergesteine sind außerdem weniger empfindlich gegen eine Variation des Einbauwassergehalts.

Den größten Einfluß auf die zu erreichende PROCTOR-Dichte üben jedoch Kornverteilung, Kornform und Kornrauhigkeit aus. Lockergesteine mit flachen Kornverteilungskurven (hohem Ungleichförmigkeitsgrad, z. B. Geschiebemergel) zeigen eine hohe Verdichtungsfähigkeit und erreichen demzufolge hohe PROCTOR-Dichten. Im Gegensatz zu den rolligen gleichkörnigen Lockergesteinen (niedrigem Ungleichförmigkeitsgrad) und den überwiegend tonigen Gesteinen zeigen diese Materialien oft eine spitze Verdichtungskurve und sind daher sehr empfindlich gegen eine Variation des Einbauwassergehalts.

Runde Kornformen und geringe Kornrauhigkeit bewirken vor allem bei gleichkörnigen Sanden ein leichtes Umlagerungsvermögen. Dadurch geht der Einfluß des Wassergehalts und der Verdichtungsarbeit zurück.

Im vorliegenden Falle lassen sich alle vier Lockergesteine an Hand des Kurvenverlaufes klar unterscheiden (s. Abb. 3). Danach zeigt die Verdichtungskurve des Geschiebemergels den steilsten Anstieg und erreicht auch die höchste PROCTOR-Dichte. Die weiteren Kurven verflachen im Scheitelpunkt bei abnehmender

PROCTOR-Dichte in der Reihenfolge Löß, Talsand, Dünensand immer stärker.

Bei rein formaler Betrachtung dieser vier Kurven könnte man schlußfolgern, daß bindige Lockergesteine einen steileren Kurvenverlauf und eine höhere PROCTOR-Dichte aufweisen als nichtbindige. Diese Annahme steht jedoch im Widerspruch zu Punkt 6. Danach sind für den Verlauf der Verdichtungskurve vor allem der Ungleichförmigkeitsgrad und die Materialzusammensetzung entscheidend. Beide Faktoren lassen sich aber aus der Verdichtungskurve nicht ablesen. So können Sande mit gut abgestufter Kornzusammensetzung ebenso steile Kurven und hohe PROCTOR-Dichten erreichen wie der untersuchte Geschiebemergel. Ebenso wirkt sich eine Erhöhung des Kieskornanteils auf die PROCTOR-Dichte und den günstigsten Wassergehalt aus.

Aus dem mehr oder weniger flachen Verlauf einer Verdichtungskurve sowie dem mehr oder weniger hohen Einbauwassergehalt können folglich nur gewisse Schlüsse auf den Ungleichförmigkeitsgrad gezogen werden. Zur exakten Bestimmung und Eingliederung eines Lockergesteins reicht der PROCTOR-Versuch allein nicht aus. Dazu werden stets weitere geologische, petrographische und bodenphysikalische Untersuchungen notwendig sein

7. Bezugsbasis und Genauigkeitsgrad im Hinblick auf die in der Praxis angewandten Verdichtungsgeräte

Die von PROCTOR festgelegten Versuchsbedingungen entsprechen den 12 bis 16 Arbeitsgängen einer 5 t schweren Schaffußwalze im tonigen Boden. Setzt man die 16 Arbeitsgänge = 100%, so ergibt sich eine Toleranz von 25%, bezogen auf die Differenz zwischen 12 und 16 Arbeitsgängen. Hierbei ist jedoch zu berücksichtigen, daß die in der Erdbautechnik verwendeten Verdichtungsgeräte für eine bestimmte Schichtstärke (je nach Gerät 20—40 cm) bestimmt sind. Bei Einhaltung dieser Schichtstärke werden sowohl eine optimale Verdichtung als auch eine optimale Leistung erreicht. Bei den Planiergeräten muß aber mit Toleranzen von 5—10 cm gerechnet werden. Hinzu kommt, daß bei Erdarbeiten größeren Umfangs Schwankungen u. a. durch die Kornzusammensetzung nicht vermeidbar sind. Unter diesem Aspekt erscheint die Toleranz von 25% durchaus vertretbar. Vergleicht man hierzu die sowohl in vorliegender Arbeit als auch in der Fachliteratur errechneten Differenzen von 0,5—5,0%, die bei der PROCTOR-Prüfung auftreten können, so kann von einer ausreichenden Genauigkeit für praktische Belange gesprochen werden.

Zusammenfassung

Allgemein geht aus den Ergebnissen hervor, daß die in der TGL 11462 für die Versuchsdurchführung angegebenen Toleranzen bzw. Bestimmungen zu eng oder zu einseitig gewählt sind. Selbst größere Überschreitungen in bezug auf Schichtstärke und Überhöhe im Aufsatzring ergeben kaum Differenzen der PROCTOR-Dichten. Die Kornzertrümmerung übt bei fein- bis mittelkörnigem Material ebenfalls keinen nennenswerten Einfluß aus. Den größten Einfluß auf die zu erreichende PROCTOR-Dichte üben Kornverteilung, Kornform und Kornrauhigkeit aus.

Geringe Unterschiede in der Bauart der Geräte ergeben kaum nennenswerte Unterschiede bei der Ermittlung der PROCTOR-Dichte. Die auftretenden Differenzen können für praktische Belange vernachlässigt werden.

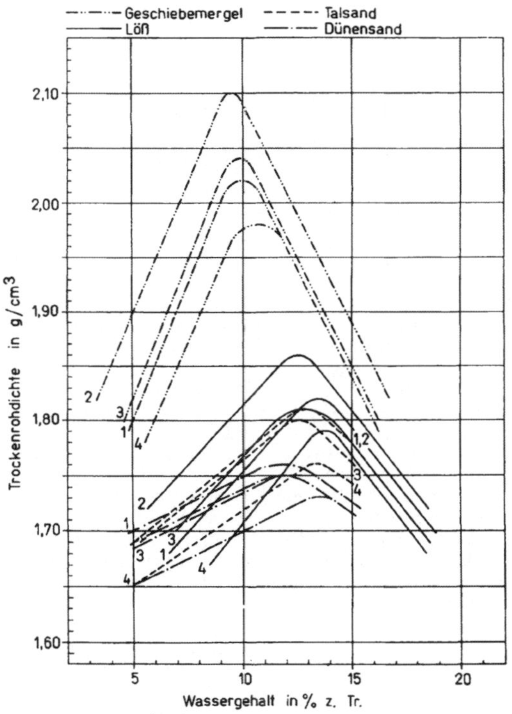

Abb. 3. Verdichtungskurven der mit den PROCTOR-Geräten untersuchten Lockergesteine

1 — Handgerät DDR/ZGI, 2 — Mechanisches Gerät DDR/ZGI, 3 — mechanisches Gerät VR Polen/ZGI, 4 — Mechanisches Gerät DDR/FA

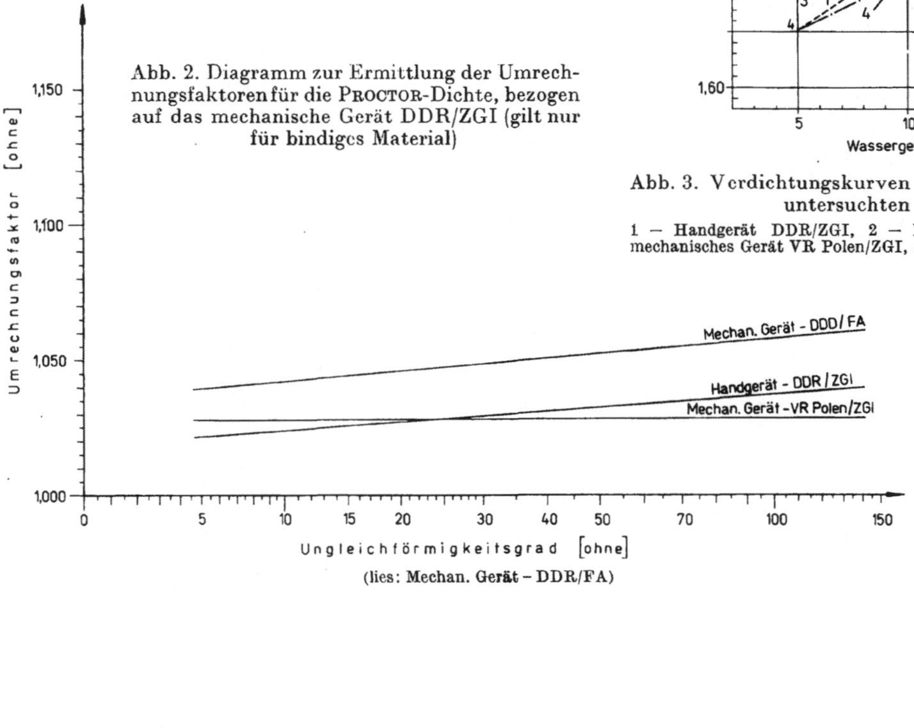

Abb. 2. Diagramm zur Ermittlung der Umrechnungsfaktoren für die PROCTOR-Dichte, bezogen auf das mechanische Gerät DDR/ZGI (gilt nur für bindiges Material)

(lies: Mechan. Gerät – DDR/FA)

Резюме

Из результатов следует, что приводимые в ТГЛ 11462 допуски или определения для проведения опытов выбраны слишком узко или слишком односторонне. Даже значительные превышения по отношению к толщине слоя и чрезмерное повышение в насадочном кольце не дают почти никаких различий в плотностях по Проктору. Раздробление зёрен также не оказывает значительного влияния при тонко- и среднезернистом материале. Наибольшее влияние на достигаемую плотность по Проктору оказывают гранулометрический состав зёрен, форма зёрен и шероховатости зёрен.

Небольшие отклонения в конструкции приборов создают лишь малозначительные различия при определении плотности по Проктору. Встречающимися расхождениями можно для практических требований пренебрегать.

Summary

From the tests generally results that the tolerances and fixations, respectively, established by the German standard specification TGL 11462 for the test procedure are very limited, or are chosen from too one-sided a point of view. Differences of PROCTOR compactness with respect to larger thickness and superelevation in the mounted ring are hardly obtained, even in the case when limits are to a major degree overstepped. An influence worth mentioning is also not exceeded by a demolition of grains in fine- to medium-grained materials. The greatest influence on the PROCTOR compactness attainable is exercised by the distribution, shape and roughness of grain.

From minor deviations in the design of the devices remarkable differences hardly occur in the determination of the PROCTOR compactness. Those occurring are of no practical importance.

Literatur

BJERRUM, L.: Künstliche Verdichtung der Böden. — Mitt. Versuchsanst. Wasserbau Erdbau, Nr. 22, Verl. Leemann, Zürich 1952.

BRANDT, W., & R. FLOSS: Der PROCTOR-Versuch als Eignungsprüfung und Maßstab für die Güteprüfung. — Z. Straße Autobahn, H. 1, Bad Godesberg 1965.

KADO, H., F. REUTER & G. BACHMANN: Die ingenieurgeologischen Eigenschaften der wichtigsten Lockergesteine der DDR unter Berücksichtigung ihrer Genese und physikalischen Kennwerte. — Abh. zentr. geol. Inst., H. 2, Berlin 1966.

KLENGEL, K. J.: Beiträge zur Kenntnis des bodenphysikalischen Verhaltens pleistozäner Lockergesteine unter Berücksichtigung der Bedeutung für die Praxis. — Freiberger Forsch.-H., C 104, Akad.-Verl., Berlin 1961.

KÖHLER, R.: Über die Verwendung von PROCTOR-Gerät und Spitzendrucksonde bei der Untersuchung des Baugrundes. — Straßentechnik, Beil. Z. Bauplanungs — Bautechnik, 7, H. 2, Berlin 1959.

STRUNK, K.: Bodenverdichtung im Straßenbau und ihre Prüfverfahren. — Verl. Bauwesen, Berlin 1961.

Tabellarische Dokumentation von Sedimentgesteinen auf feldgeologischer Grundlage

(Ein Diskussionsbeitrag)

HERBERT VOSSMERBÄUMER, Würzburg

Im Band 13 dieser Zeitschrift hat H. LÜTZNER eine Arbeitstabelle vorgeschlagen, mit deren Hilfe die Dokumentation der Geländeergebnisse an Sedimentiten u. a. übersichtlicher, lückenloser und vergleichbarer, zugleich auch für eine eventuelle maschinelle Verarbeitung vorbereitet werden sollte.

Dieser Aufsatz verdient — ungeachtet aller potentiellen Einwände — meines Erachtens Anerkennung vor allem unter je einem pragmatischen, einem erkenntnistheoretischen und einem psychologischen Gesichtspunkt: Hier wird eine wesentliche, wenngleich bekannte, so doch vernachlässigte Methode propagiert, kritisch auf allgemeine Probleme der Geländeaufnahme verwiesen, und zwar in einer kurzen, deutschsprachigen Arbeit, die auch dem weniger sprachversierten Geologen ein Rüstzeug gibt und ihn zugleich auf das Problem zukünftiger maschineller Auswertung, d. h. auf die kommende Bedeutung mathematischer Geologie, verweist.

In diesem Zusammenhang wird man aber auch die groß angelegte (und von LÜTZNER zitierte) Arbeit BOUMAS (1962), bzw. die von beiden genannten anderen Aufsätze, sehen müssen und nach dem Grund für fehlendes Interesse fragen, wenn man zugleich die von LÜTZNER apostrophierten Vorteile (S. 641) bedenkt. Gewiß mag bislang häufig das Fehlen der Notwendigkeit für eine solche Aufnahmetechnik und -breite ausschlaggebend gewesen sein, wohl auch eine dem Ungeübten „unnötige" Unübersichtlichkeit der Dokumentation. Bestimmt aber herrschte die schon von BOUMA aufgezeigte Unsicherheit vor, welche Parameter vorhanden, wie sie zu beschreiben und von welcher Aussagekraft sie sind. Diese Frage kann meines Erachtens vorläufig noch nicht beantwortet werden. Das trifft selbst für einzelne „wohl definierte" Lithofaziestypen und -folgen zu.

Zweifellos hat LÜTZNER bei der Aufzählung der Vorteile im Kern recht, und wohl kaum sind seine Argumente qualitativ zu widerlegen. Allein die Frage nach der Quantität bleibt offen. Geht man im folgenden von der Überlegung aus, daß die Arbeitstabelle, im Prinzip bejaht, in der von LÜTZNER vorgeschlagenen Form qua re aber wohl kaum für das breite Spektrum der Sedimentgesteine, von Salzgesteinen, über die Klastika, die Mischgesteine bis zu den Karbonatgesteinen verwertbar ist, so wird man selbst bei der Befürwortung spezifischer, differenzierter Arbeitstabellen an Fragen der Definition und der Parameterbewertung steckenbleiben (vgl. BAISERT 1968). Es erscheint bei dem augenblicklichen Kenntnisstand der Rezent-Forschung fraglich, wie groß die Erfolgsaussichten sind, wenn man qua auctoritate eingebürgerten Definitionen folgt. Wahrscheinlich ist — unter dem Aspekt der Reproduzierbarkeit und zukünftiger maschineller Auswertung — die Notwendigkeit gegeben, im Rahmen des heutigen Kenntnisstandes eine Standardisierung, eventuell sogar Normierung von Parameterdefinition und Meßmethode anzustreben. Damit wäre auch die Gefahr umgangen, daß auf der Grundlage unexakter Daten exakte Rechenoperationen durchgeführt werden. Indessen scheint mir dieser Fragenkomplex eher ein lohnendes Thema für Expertenarbeitsgruppen zu sein denn für eine literarische Diskussion.

Geht man nun aber — in einem Gedankenmodell — von der Vorstellung aus, alle oben angeschnittenen Probleme seien geklärt, so besteht noch die Frage, inwieweit die Arbeitstabelle optimal ausgeweitet und zudem noch unter ökonomischem Gesichtspunkt angewendet werden kann. In diesem Zusammenhang sei nur auf die wohlbekannte Palette geologischer Fragestellungen hingewiesen und angedeutet, daß nicht einmal der Kreis „Faziesanalyse" gleichsinnig interpretiert wird (vgl. SHEPARD & MOORE 1955; TEICHERT 1958; ALLEN 1965). Will man schließlich „ökonomisch" in dem Sinne verstehen, daß jedes Profil möglichst nur einmal (eventuell im Team?) aufgenommen werden soll, so wird dem Erstarbeiter eine derart intime Kenntnis an Definitionen und Methoden zugemutet, die er wohl kaum noch haben kann. Somit wird man in Abhängigkeit von der Breite des Komplexes und der notwendigen Spezialisierung des Bearbeiters bei individuell unterschiedlichen Arbeitstabellen verbleiben müssen. Dadurch werden jedoch Übersichtlichkeit und Reproduzierbarkeit wesentlich gemindert.

Das bisher Gesagte trifft auch für die spezielle, von LÜTZNER vorgeschlagene Arbeitstabelle zu: Ein Hydrogeologe hat nun einmal eine andere Fragestellung als ein Paläoökologe. Und so vermißt man in diesem Beispiel, trotz der Hamstertaschen „Sonstige Merkmale" und „Bemerkungen", Spalten für Angaben u. a. zu Fauna, Ichnologie, Flora, sedimentären Richtungen (gemessen und umgerechnet), Profilbreite, Veränderungen in der Horizontalen, Verwitterungsgrad.

Die hier vorgetragene Argumentation kann aber nicht in Abrede stellen, daß dem Einzelbearbeiter mit einer individuellen Tabelle die von LÜTZNER genannten Vorteile zufallen. Deshalb sollte diese Arbeit große Beachtung finden.

Literatur

ALLEN, J. R. L.: Late quaternary Niger Delta and adjacent areas: sedimentary environments and lithofacies. — Am. Assoc. Petroleum Geologists Bull., 49, 5, 547—600, Tulsa 1965.

BAISERT, D.: Analyse der Nomenklaturen sedimentärer Karbonatgesteine. — Z. angew. Geol., 13, 11/12, 642—650, Berlin 1967.

BOUMA, A. H.: Sedimentology of some Flysch deposits — a graphic approach to facies interpretation. — Elsevier, Amsterdam 1962.

LÜTZNER, H.: Tabellarische Dokumentation von Sedimentgesteinen auf feldgeologischer Grundlage. — Z. angew. Geol., 13, 11/12, 635—642, Berlin 1967.

SHEPARD, F. P., & D. G. MOORE: Central Texas coast sedimentation: characteristics of sedimentary environment, recent history and diagenesis. — Am. Assoc. Petroleum Geologists Bull., 39, 1464—1593, Tulsa 1955.

TEICHERT, C.: Concepts of facies. — Am. Assoc.Petroleum Geologists Bull., 42, 2718—2744, Tulsa 1958.

Besprechungen und Referate

PUTNAM, W. C.

Geologie
Einführung in ihre Grundlagen

Westberlin: 1969. Verlag Walter de Gruyter & Co., 559 S., 293 Abb., 17 Taf., DM 39,—

W. C. PUTNAM war bis zu seinem Tode (1963) Professor für Geologie an der Universität von Kalifornien in Los Angeles. Sein Buch „Geology" ist weiten Fachkreisen bekannt.

Nunmehr liegt dank der Bemühungen des Verlags Walter de Gruyter & Co. eine deutsche Übersetzung vor, die von Prof. LOTZE, Münster, bearbeitet worden ist.

Die Einschränkung im Untertitel besteht zu Recht; denn bei den Ausführungen handelt es sich im Prinzip um recht allgemein gefaßte Formulierungen, die Laien und „Anfängern" im Studium geologische Begriffe und Definitionen, geologisches Denken und die Grundzüge geologischer Probleme nahebringen sollen.

Dementsprechend kommen in den einzelnen Kapiteln die Grundlagen der Allgemeinen Geologie in recht knapper und allgemeinverständlicher Weise zur Behandlung (Erde, Gesteinsbildende Mineralien, Magmatische Gesteine, Vulkanismus, Sedimentgesteine, Metamorphe Gesteine etc.). Von den Bereichen der angewandten Geologie werden nur Grundwasser und Erdöl abgehandelt. Das Buch schließt mit Betrachtungen über geologische Zeiten und das Leben in der Vergangenheit. Zum Schluß folgen ein Literaturverzeichnis und ein ausführliches Register.

Den Reiz des Buches machen einerseits der Text, andererseits die Abbildungen aus. Der Autor reiht nicht einfach nüchterne Tatsachen aneinander, sondern schildert und beschreibt, unter Einbeziehung von Literaturzitaten, Begebenheiten aus der Geschichte und Passagen aus belletristischen Veröffentlichungen. Die Abbildungen, soweit sie die rund 200 Fotos betreffen, sind von großer Einprägsamkeit und von vollendeter Schönheit.

Zusammengefaßt ist diese „Geologie" von PUTNAM ein interessanter Versuch, das geologische Grundwissen in volkstümlicher Art, dennoch aber auf ernsthafter wissenschaftlicher Basis in einem ansprechend unterhaltsamen Ton für Lernende darzustellen. Text und Bilder spiegeln, was auch das Literaturverzeichnis bestätigt, fast ausschließlich spezielle Verhältnisse in den USA wider. Das ist nicht automatisch ein Nachteil, engt aber die Aussagekraft der beiden Teile der angewandten Geologie entsprechend ein.

K. KAUTER

KEEN, M. J.

An Introduction to Marine Geology

New York (u. a.): Pergamon Press 1968. 218 S., 84 Abb., geb. sh 42, brosch. sh 30

Das Studium des Meeresbodens hat vielen Fachdisziplinen der Geowissenschaften neue Impulse gegeben. Die Kenntnis der morphographischen, petrographischen und speziellen geologischen Verhältnisse aller Meeresböden vom Schelf bis zur Tiefsee hat über die rein wissenschaftlichen Fragestellungen in den letzten Jahrzehnten eine immer steigende wirtschaftliche Bedeutung erlangt. Ein reichhaltiges Schrifttum berichtet über die großen Fortschritte bei der Erkundung der wasserbedeckten Erdkruste.

Der Autor, Professor am Institut für Ozeanographie der Dalhousia-Universität Halifax (Neuschottland), wendet sich mit seinem Buch an einen breiteren Leserkreis. Im besonderen aber will er Biologen, Chemiker, Mathematiker und Physiker, die an Forschungsexpeditionen teilnehmen, mit den Problemen vertraut machen. Damit ist der Charakter des Buches als Einführung umrissen und die bisweilen nur informatorische Behandlung einzelner Probleme begründet. Der trotzdem umfassende Überblick stützt sich auf die Auswertung von 342 angegebenen Arbeiten nur englischsprachiger Literatur. Der Stoff ist in neun Kapitel gegliedert (S. 1—191), denen zwei Anhänge (S. 192—200), der Schrifttumsnachweis und ein ausführliches Inhaltsverzeichnis folgen.

Die Einführung soll Nichtgeologen unter den Lesern mit wichtigen geologischen Grundtatsachen über die Struktur der Erde, die Gesteine der oberen Erdkruste, gesteinsbildende Minerale, magmatische Gesteine und ihre Klassifikation vertraut machen.

Von den geophysikalischen Methoden tragen Seismik, Gravimetrie, Magnetik und Messungen des Wärmeflusses zur Erforschung des Meeresbodens bei. Mit Echolotmessungen sind mehrfach Untergrundprofile aufgenommen worden. Ergebnisse reflexionsseismischer Messungen lieferten die Ausgangswerte für Mächtigkeitsbestimmungen von Tiefseesedimenten. Ferner wird gezeigt, wie aus den Messungen über die Ausbreitung von Erdbebenwellen, aus gravimetrischen und magnetischen Beobachtungen Rückschlüsse auf die Gestaltung des Tiefseebodens gezogen werden.

Besondere Aufmerksamkeit widmen die Meeresgeologen der morphologischen Gliederung des ozeanischen Tiefseebeckens, da sie fast die einzige Möglichkeit ist, deren tieferen Bau zu erschließen. Aus den Horizontalverschiebungen bathymetrischer Konturen konnten vertikal verlaufende Bruchzonen im Pazifischen Ozean erkannt werden. Der Abfall des nordamerikanischen Kontinents zum Atlantischen Ozean wird an Beispielen zwischen Grönland und Mexiko recht eingehend graphisch dargestellt.

Die pelagischen Sedimente werden nach Fauna und Flora, Mineralogie und Geochemie, Methoden zur Altersbestimmung und Beiträgen zu Stratigraphie, Klimatologie und Paläozeanographie besprochen. Aus Unterschieden im Verhältnis von $^{18}O : ^{16}O$ wird geschlossen, daß der Dolomit in den Sedimenten durch nachträgliche Zuführung von Magnesium zum Kalzit entstand. Altersbestimmungen nach ^{14}C oder $^{230}Th/^{232}Th$ geben Hinweise auf die Sedimentationsgeschwindigkeiten, wobei die letztere Methode zu geringe Werte liefert.

In den durch eine schmale Rinne verbundenen Iberischen und Biscaya-Tiefseebecken liegen Sedimente, die aus einer Wechselfolge grauschwarzer Ton- und kalkiger Fossillagen bestehen. An den Beckenrändern sind den kalkigen Sedimenten Lagen vulkanischen Materials eingeschaltet. Fossile Strömungen sind aus den französischen Alpen bekannt geworden.

Bewegungen des Meeresbodens sind fast nur indirekter Beobachtung an Korallenriffen und Atollen zugänglich. Im Ostpazifik zeigten magnetische Anomalien weite Transversalverschiebungen an.

Nach kurzer Kennzeichnung der basischen und ultrabasischen Gesteine werden die Eruptiva einzelner Inseln, die magmatischen Gesteine der mittelozeanischen Rücken und die Tiefseebasalte petrographisch und geologisch charakterisiert. Die Mehrheit der Tiefseebasalte liegt als Tholeyit vor.

Die Genese der durch seismische und magnetische Messungen genauer untersuchten Strukturen wird besonders für den Kontinentalabbruch Nordamerikas, für die mittelozeanischen Rücken und ausführlich für die Tiefseebecken dargestellt und in Beziehung zur Erdkruste und zum Erdmantel gesetzt. Polwanderungen und Kontinentaldrift beschließen die Ausführungen, wobei den Beziehungen zwischen Kontinentverschiebungen und Verbreitung der Tiefseebecken nachgegangen wird.

Das auch drucktechnisch gut ausgestattete Buch vermittelt eine im einzelnen unterschiedliche, im großen aber recht gute Einführung in den derzeitigen Kenntnisstand der Probleme der Meeresgeologie. Der Stoff ist klar und übersichtlich gegliedert, der Text wird durch geschickt ausgewählte, anschauliche Figuren wirkungsvoll unterstützt und bereichert. Im deutschsprachigen Schrifttum fehlt bisher eine solch umfassende Einführung in die Meeresgeologie; deshalb werden Geologen, Petrographen, Geophysiker und Geographen, aber auch Biologen dieser Einführung viele Anregungen entnehmen können. K. Dette

Bruns, E.

Ozeanologie, Bd. III (Ozeanometrie II)

Leipzig: 1968. B. G. Teubner V -lagsgesellschaft, 511 S., 366 Abb., 41 Tab., M 98,— (Leinen)

Von dem Gesamtwerk „Ozeanologie", das in sechs Bänden erscheint, liegt nunmehr Bd. III vor, in dem sich der Verf. speziell mit den Fragen der „Ozeanometrie" befaßt. Der vorliegende Band schließt unmittelbar an den vorhergehenden (Ozeanometrie II, gleich Bd. II der Gesamtausgabe) an. Es werden ausführlich und grundlegend die Methoden und Geräte für Wasserstands-, Strömungs- und Wellenmessungen beschrieben. Von besonderer Bedeutung ist der Teil H, in dem meeresgeologische Geräte und ihre Handhabung zur Behandlung stehen. Bis ins einzelne gehend, unterbaut mit vielen Abbildungen und graphischen Darstellungen, werden alte und moderne Methoden und Apparate für die Entnahme von Bodenproben vom Meeresgrund beschrieben. Abschließend behandelt das Kap. 24 die Zusammenfassung der Meß- und Beobachtungsergebnisse in der Form von meeresgeologischen Karten und meeresgeologischen Schnitten.

Das Buch insgesamt schließt nach der Erörterung maschineller Auswertungsmethoden für ozeanologische Meßwerte mit umfangreichen Registern (Literatur-, Namens- und Sachwortverzeichnis sowie Quellennachweisen und einem Abbildungsverzeichnis).

Die Einbeziehung der wichtigsten sowjetischen und amerikanischen Literatur gibt dem Werk den Charakter eines Handbuchs, das für die auf den verschiedensten Wissensgebieten arbeitenden Meereskundler allgemeine Beachtung und Anerkennung verdienen dürfte. K. Kauter

Jagudin, S. Z., K. F. Paus, R. A. Sumbatow & R. A. Abdullin

Eruptive Zuflüsse aus Salzablagerungen und ihre Bekämpfung

„Burenie", Moskau (1968), H. 10, S. 19—23

Die Verf. schildern die geologischen Verhältnisse und Strukturen in der Zone der Tschardskonsker Stufe und der Beschkensker Senke (Buchara), in denen hochmineralisierte Natrium-Kalzium- und Magnesiumlaugen unter hohem Druck auftraten. Die Salzkonzentrationen liegen zwischen 300—670 g/l. Die Dichten betragen bei 20 °C zwischen 1,28 und 1,38 g/cm³. Die Gradienten des Schichtdruckes liegen bei 0,15—0,18 kp/cm² je Meter.

Die Laugen kühlen sich auf ihrem Fließweg im Bohrloch ab. Es fallen Salze aus, die das Bohrloch verengen und bis zur vollständigen Verstopfung der Eruption führen. Beim Aufbohren dieser Salze kommt es wieder zum Zufluß. Die Fließraten betragen 6000 bis 50 m³/Tag. Bei hohen Fließraten der Lauge kommt es zu Auswaschungen in den lockeren Bereichen und dem zementierten Gebirge, was zu Verklemmungen der Bohrgarnitur führt. Es werden Bohrspülung, Bohrschmant, Gebirgsteilchen und Salzkristalle ausgetragen.

Zur Bekämpfung dieser Laugen soll mit beschwerten Tonspülungen weitergebohrt werden. Bisher mußten von acht Laugenausbrüchen sechs Bohrungen infolge unmöglicher Weiterführung des Bohrprozesses mit beschwerter, ausgesalzener Tonspülung aufgegeben werden. Ausführlich wird anhand einer Bohrung die erfolgreiche Bekämpfung eines Laugenzuflusses beschrieben. Als Spülung diente eine Polygorskit-Tonmehl-Aufschlämmung in Lauge mit einer Dichte von 1,5 g/cm³, Trichterauslaufzeit 60 sec, Wasserabgabe 38 ml und ausreichenden Stabilitäten und Schubspannungen. Mit dieser Spülung — die Dichte fiel auf 1,38 bis 1,4 g/cm³ — konnte mit Erfolg gearbeitet werden.

Zum Rohreinbau wurde reine Polygorskitspülung mit einem Zusatz von 5 t Silbergraphit eingesetzt. Es wurden 300 m³ Zementtonschlämme mit technischem Wasser und Abbindeverzögerern ins Bohrloch hinter die 219-mm-Zwischenrohrtour bei etwa 2350 m gepumpt. B. Heyne

Baidyuk, B. V.

Mechanical Properties of Rocks at High Temperatures and Pressures

New York: Consultants Bureau 1967. 75 S., 131 Lit., 54 Abb., 6 Tab.

Das Buch wendet sich in erster Linie an Tiefbohrtechniker und Bergingenieure, aber auch an Geophysiker und Geologen. Es ist die englische Übersetzung der 1963 vom Verlag Gostoptechisdat, Moskau, herausgebrachten ersten Auflage des Werkes. Es will zur Klärung des Verhaltens der Erdkruste oder größerer Gesteinsmassen bei tektonischen Vorgängen, beim Tiefbohren und bei bergbaulichen Gewinnungsarbeiten beitragen. Dabei werden modernste Methoden zur Ermittlung petromechanischer Parameter unter hohen Temperaturen und Drücken detailliert beschrieben. Unter anderem macht der Autor Angaben über Testmethoden zur Bestimmung der Scher-, Bruch-, Torsions- und Druckeigenschaften.

Diskutiert werden die Ergebnisse unterschiedlicher Gesteine: Mergel, Kalkstein, Dolomit, Steinsalz, Anhydrit, Ton, Sand- und Schluffstein. Diese Untersuchungsergebnisse werden unter dem Aspekt ihrer Anwendbarkeit auf Probleme der Aktuogeologie betrachtet. Eine umfassende Bibliographie ergänzt die Darstellungen im Text.

P. Krüger

Neuerscheinungen und Literaturhinweise

Autorenkollektiv

50 Jahre sowjetische Geologie

Isd-wo Nedra, Moskau 1968. 420 S.

Autorenkollektiv

Probleme der tektonischen Bewegung und der neueren Struktur der Erdkruste

Isd-wo Nauka, Moskau 1968. 228 S., 61 Abb., 5 Tab.

Leontjew, O. K.

Der Boden des Ozeans

Isd-wo Mysl, Moskau 1968. 320 S., 73 Abb., 18 Tab.

Smith, F. G.

Physikalische Geochemie

Isd-wo Nedra, Moskau 1968. 476 S., 203 Abb., 41 Tab. (aus dem Engl.)

Autorenkollektiv

Erkundungsgeophysik, 27. Folge

Isd-wo Nedra, Moskau 1968. 108 S.

Sentschenko, M. P.

Nomogramme für die Auswertung seismischer Daten

Isd-wo Nedra, Moskau 1968. 48 S., 29 Abb., 21 Tab.

Zeitschrift für angewandte Geologie, Bd. 15 (1969), Heft 5

Informationen

Erdöl: Weltproduktion 1968 über 2 Mrd. t

Die Weltförderung an Erdöl und Erdgaskondensat überstieg nach den vorläufigen Einschätzungen in „Petroleum Press Service" im Jahre 1968 erstmalig die Höhe von 2 Mrd. t. Sie liegt damit um rd. 169 Mill. t, das sind 9,3%, über der Förderung von 1967. In welchem Tempo die Entwicklung der Erdölförderung voranschreitet, zeigt sich deutlich daran, daß für das Erreichen einer Jahresförderung von 1 Mrd. t im Jahre 1960 seit dem Beginn der industriellen Gewinnung von Erdöl rund ein Jahrhundert nötig war, die zweite Milliarde jetzt aber in einem knappen Jahrzehnt erreicht wurde. Die weitere, teilweise stürmische Entwicklung der Förderung, sowohl in den klassischen Förderländern als auch in neuerschlossenen Gebieten, läßt erwarten, daß bereits um 1975 eine Weltförderung von 3 Mrd. t erreicht werden wird.

Die nachstehende Tabelle gibt einen kurzen Überblick über den Anteil der führenden Länder und über einige neue Fördergebiete in Mill. t (nach den vorläufigen Einschätzungen in „Petroleum Press Service", wobei sich die Angaben für 1967 teilweise nicht mit den in Heft 1/69 der „Z. angew. Geol."[1]) angeführten Werten decken, da eine Zurechnung der Fördermengen an Erdgaskondensaten vorgenommen wurde):

	1967	1968	Veränderungen in %
USA	503	526	+ 4,6
UdSSR	288	310	+ 7,7
Venezuela	184	188	+ 1,9
Iran	130	142	+ 9,7
Saudi-Arabien	129	140	+ 8,3
Libyen	84	124	+49,2
Kuweit	115	120	+ 3,9
Irak	60	74	+21,9
Kanada	54	59	+ 8,0
Algerien	38	43	+10,7
Indonesien	25	30	+20,0
Abu Dhabi	18	24	+32,3
Neutrale Zone	22	23,5	+ 3,9
Mexiko	18,7	20,0	+ 6,9
Argentinien	16,4	18,0	+ 9,7
Qatar	15	16,5	+ 6,5
Oman	2,8	11,8	
VAR	6,4	9,3	+45,3
Westdeutschland	7,9	7,9	—
Nigeria	15,6	6,3	
Syrien	—	1,0	

Diese kurze Statistik läßt einige erste Beurteilungen der Entwicklung im Jahre 1968 zu.

In der UdSSR ist das gestellte Ziel voll erreicht und mit dem Überschreiten einer Jahresförderung von 300 Mill. t ein weiterer wichtiger Schritt bei der Entwicklung der sozialistischen Erdölindustrie getan worden. Dabei liegt die prozentuale Zuwachsrate in der UdSSR 1968 fast doppelt so hoch wie in den USA (1967 hatte der Zuwachs in den USA gegenüber 1966 noch 6,1% betragen). Den Hauptanteil an der Förderung hatte das Wolga-Ural-Gebiet. Mit der Erschließung der neuen Lagerstätten in Westsibirien und auf der Halbinsel Mangyschlak wird sich die Zuwachsrate in der UdSSR in den nächsten Jahren weiter beträchtlich erhöhen.

Die führende Position der arabischen Förderländer und des Irans bei der Gesamtzuwachsrate von 9,3% kommt deutlich zum Ausdruck. Selbst in „alten" Förderländern wie dem Iran wurde eine Produktionssteigerung um 10% erzielt, insbesondere durch die Inbetriebnahme neuer Offshore-Lagerstätten. Die Förderung in Libyen nimmt einen unwahrscheinlichen Anstieg. Dieses Land ist auf dem besten Wege, an die führende Position unter den arabischen Ländern vorzudringen. Im Jahre 1968 sind mehrere neue große Lagerstätten entdeckt worden, die eine sichere Basis dafür bieten.

[1]) HETZER, H.: Zu Fragen der Erdölerkundung in einigen arabischen Ländern.

Besonders positiv ist die Entwicklung in der VAR einzuschätzen. Mit der weiteren Erhöhung der Förderung aus dem „Morgan-Feld" im Golf von Suez und der Aufnahme der Förderung aus der Lagerstätte El Alamein in der westlichen Wüste konnten die durch die israelische Aggression und die Besetzung der Erdölreviere auf der Halbinsel Sinai eingetretenen Verluste mehr als ausgeglichen werden. Die VAR hat bereits 1968 das erste Erdöl exportiert. Mit der Produktion aus den Lagerstätten auf der Halbinsel Sinai hätte die Förderung 1968 eine Höhe von 10 Mill. t weit überstiegen.

Stark in den Vordergrund schieben sich Abu Dhabi, das Ende 1968 eine Förderkapazität von 30 Mill. t pro Jahr erreicht hat, und Oman, wo die Förderung innerhalb von zwei Jahren von Null auf fast 12 Mill. t gesteigert werden konnte.

Gute Ansätze sind ebenfalls in Syrien vorhanden, wo 1968 die Förderung aus den in gemeinschaftlicher Arbeit von syrischen und sowjetischen Erdölspezialisten erschlossenen Lagerstätten aufgenommen werden konnte.

In Nigeria, das bis 1966 zu den hoffnungsvollsten Ländern Afrikas hinsichtlich der Entwicklung der Erdölgewinnung gehörte, wirken sich die von imperialistischen Machtgruppen angestifteten inneren Kämpfe weiter negativ auf die Entwicklung der Erdölförderung aus, was in dem beträchtlichen Abfall von 1967 nach 1968 deutlich zum Ausdruck kommt.

H. HETZER

Neue Erdöllagerstätte in der ČSSR

In der Gegend von Kroměříž wurde im Gebiet zwischen den Gemeinden Lubna und Kostelany in 1440—1600 m Teufe eine neue Erdöllagerstätte entdeckt. Während sich sämtliche im Bereich der ČSSR fündigen Erdölsonden in sedimentären Komplexen befinden, ist die hier besprochene Lagerstätte an kristallines Gestein, nämlich verwitterten Granit, gebunden. Bei einer Testförderung wurden täglich bis zu 40000 l Erdöl gewonnen. Es handelt sich um ein hochwertiges Öl auf Paraffinbasis.

Erdöl- und Erdgasentwicklung in der VR Polen

Die polnische Erdölförderung soll unter der Mithilfe von sowjetischen Experten von 200000 t im Jahre 1965 auf rund 500000 t 1969 gebracht werden. Gleichzeitig ist eine entsprechende Steigerung der Erdgasproduktion vorgesehen. Sie soll 1968 auf das Doppelte ansteigen und 2,5 Mrd. m^3 erreichen. Die angestrebte Entwicklung für die nächsten fünf Jahre nimmt Richtung darauf, 1975 über eine Erdgasproduktion von 12—13 Mrd. m^3 zu verfügen.

UdSSR — Größte Pipeline der Welt projektiert

Wie aus Kreisen des Ministeriums für die Petrolindustrie der Sowjetunion in Moskau verlautet, ist der Bau einer neuen Pipeline projektiert worden. Sie soll bei den neuentdeckten Erdöllagerstätten von Oust-Balyk in der Kasachischen SSR ihren Ausgang nehmen und bis zum Fernen Osten verlaufen. Die Gesamtlänge dieses Rohrstrangs wird mit 6500 km angegeben. Damit wäre sie die längste Pipeline der Welt. Als reine Bauzeit sind drei Jahre veranschlagt. Dabei sollen die modernsten technischen Verfahren Anwendung finden.

Kohle in der UdSSR

Im ersten Halbjahr wurden in der UdSSR mit 347 Mill. t Kohle 0,4% mehr gefördert als im Vergleichszeitraum des Vorjahrs. 90,2 Mill. t entfielen auf Kokskohle.

Der Anteil der im Tagebau gewonnenen Kohle soll bis zum Jahre 1970 auf 28% steigen.

In der Energiewirtschaft der UdSSR kommt der Kohle nach wie vor große Bedeutung zu. Nach einem neuerdings aufgestellten 7-Jahr-Plan (bis zum Jahre 1975) soll die Gesamtproduktion ohne zusätzliche Arbeitskräfte um mehr als 50% gesteigert werden. In diesem Zusammenhang sind bis zum Jahre 1970 neue Schächte und Tagebaubetriebe vorgesehen, die eine Erweiterung der Förderkapazität um 165 Mill. t garantieren.

Kohlenprognose der Montanunion für 1980

Die Aufrechterhaltung einer Mindestförderkapazität im Steinkohlenbergbau der Länder der Montanunion in Höhe von 175—200 Mill. t für 1980 hält ein Studienausschuß des westeuropäischen Kohlenbergbaus allein schon aus Gründen der Sicherung der Energieversorgung für erforderlich. Die Kohlennachfrage innerhalb der Gemeinschaft wird sich demnach 1980 fast ausschließlich auf die Verbrauchergruppen: Stahlindustrie (65 Mill. t), Kraftwerke (75—90 Mill. t), Hausbrand (25—30 Mill. t) beschränken. Um diese Kapazität zu gewährleisten, sind Maßnahmen erforderlich, die den gegenwärtig fortlaufenden Schrumpfungsprozeß aufhalten.

Neue Eisenerzlagerstätte in der UdSSR

Eine neue große Eisenerzlagerstätte, deren Vorräte mit 100 Mill. t Erz angegeben werden, ist in Zentralkasachstan, unweit des Hüttenkombinats von Karaganda, entdeckt worden. Das Erz kann im Tagebau gefördert werden. Über die Eisengehalte liegen noch keine Angaben vor.

Prognose der westdeutschen Primärenergieentwicklung

Als Ergebnis offizieller Untersuchungen über die Entwicklung der Primärenergie in Westdeutschland wurden nachfolgende Zahlen und Werte bekannt.

Die Zuwachsraten im Primärenergieverbrauch sind bzw. werden betragen: 1950 bis 1960 durchschnittlich 5,5% pro Jahr; 1960 bis 1970 3,5%, 1970 bis 1980 3,3% und 1980 bis 2000 3,25%. Nach der Schätzung von Esso-Experten wird der Energieverbrauch 1975 bei 365 Mill. t SKE liegen (1967 waren es 271,7 Mill. t SKE). Für 1980 wird die Zahl 422 Mill. t SKE genannt, für 1985 495 Mill. t SKE und für das Jahr 2000 800 Mill. t SKE.

Spätestens 1980 erfolgt die Deckung des Energiebedarfs nach wirtschaftlichen Kriterien (Ausnahme: Steinkohlenförderung). Die Braunkohlenförderung geht allmählich zurück. Die Stromerzeugung aus Wasserkraft stagniert. Das Erdgas wird den in der Mitte der 70er Jahre erreichten Versorgungsanteil halten. Spätestens nach dem Einsatz von Brütern wird die gesamte Zubauleistung auf Kernkraftwerke entfallen. Das Erdöl wird die noch verbleibenden rund 50% in der gesamten Energienachfrage decken können.

Weiterbildungsveranstaltungen der Sektionen Geowissenschaften und Geotechnik/Bergbau der Bergakademie Freiberg

1. „Ingenieurgeologie“

Veranstalter: Sektion Geotechnik/Bergbau und Sektion Geowissenschaften
Verantwortlicher: Prof. Dr. Reuter, Sektion Geotechnik/Bergbau
Termin: 27. 5. bis 31. 5. 1969
Teilnehmerzahl: 30 Personen
Programm:
Standsicherheit von Felsböschungen
Standsicherheit von Lockergesteinsböschungen
Ortung von unterirdischen Hohlräumen; derzeitige Grenzen und Perspektiven
Ermittlung von physikalischen Kennzahlen für Locker- und Festgesteine mittels geophysikalischer Untersuchungsverfahren
Neue Methoden zur Ermittlung und Auswertung von Gefügedaten
Ingenieurgeologische Kartierung und moderne ingenieurgeologische Karten

2. „Mathematische Behandlung geologischer Probleme“

Veranstalter: Sektion Geowissenschaften
Verantwortlicher: Doz. Dr. habil. Meinhold, Sektion Geowissenschaften
Termin: 16. 6. bis 20. 6. 1969
Teilnehmerzahl: 15 bis 20 Personen
Programm:
Mathematische Behandlung von Erkundungsproblemen
Zum Problem der Probenahme
Einige Methoden der häufigkeitsstatistischen Datenverarbeitung
Moderne Methoden der quantitativen Faziesanalyse
Analytische Meßverfahren zur Bestimmung von Speichergesteinseigenschaften

Interessenten an diesen einwöchigen Weiterbildungslehrgängen wenden sich bitte an den jeweils Verantwortlichen.

Kurznachrichten

Im **brasilianischen Erdölbecken** von Reconcavo nimmt die Lagerstätte von Miranga einen immer bedeutenderen Platz ein. So stieg die Förderleistung pro Tag bereits auf 5700 t. Die Vorräte belaufen sich auf $57 \cdot 10^6$ t.

In **Kongo-Kinshasa** wurde in Nähe der neuerrichteten Raffinerie in der Provinz Mittelkongo eine **Erdöllagerstätte** entdeckt. Sie soll eine Jahresproduktion von 400000—500000 t Erdöl versprechen. Weitere Erdöllagerstätten wurden am Unterlauf des Flusses Kongo aufgefunden.

Südafrika forciert die **Erdölsuche.** In Nordnatal wurde ein Gebiet mit einer Fläche von 15540 m² als perspektivisch angesprochen. Hier wird in Kürze mit einer intensiven Erdölsuche begonnen.

Die westafrikanische Republik **Ghana** will die **Goldproduktion** steigern. Im vergangenen Jahr sind dort 684000 Unzen Gold gewonnen worden.

Die **Goldproduktion Südafrikas** nahm in den letzten vier Monaten 1967 gegenüber der gleichen Zeit des Vorjahrs um 2,3%, das sind ca. 200000 Feinunzen, zu.

Eine neue **Goldseife** ist in **Brasilien** auf einer 53 km langen Strecke am Madaira-Fluß, nahe der bolivianischen Grenze, entdeckt worden. Genaue Untersuchungen über den Goldgehalt pro m³ konnten wegen Hochwasser noch nicht vorgenommen werden.

Die **Silberproduktion Australiens** stammt in der Hauptsache aus der Bleiproduktion der Lagerstätte Broken-Hill. Dabei wird Silber als beibrechendes Produkt gewonnen. Die derzeitige Produktion liegt bei ca. 400000 kg pro Jahr.

Zu den zehn bereits in Betrieb befindlichen **Nickelgruben Kanadas** sollen in den nächsten fünf Jahren weitere acht neue eröffnet werden, fünf davon im Sudbury-Gebiet und drei in Manitoba. Dadurch wird die „Inco“ ihre Produktion von derzeit 50000 t auf 75000 t steigern können (kanadische Gesamtproduktion 1967 = 250180 short tons).

Brasilien entwickelt eine eigene **Magnesitindustrie.** Als Rohstoffe sind vorgesehen: 1. Magnesitlagerstätten im NE des Landes; 2. Carnallit aus den Salzlagern von Carmopolis; 3. Dolomit mit Ferrosilizium.

Nachdem im Jahre 1965 erneut mit dem Abbau der **Antimonlagerstätte** bei Chamman-Beils in **Ostalgerien** begonnen worden war, verläuft die Produktion den Erwartungen gemäß. Es werden derzeit ca. 1000 t Erz gewonnen, das einen Sb-Gehalt von 32—35% hat.

Nach dem Zusammenschluß eines britischen und eines amerikanischen Konzerns soll die **Kalilagerstätte** im Norden von Yorkshire **(Großbritannien)** abgebaut werden. Man rechnet damit, dort 1,5 Mill. t Kali gewinnen zu können, was zur Bedarfsdeckung des Landes ausreicht.

Uganda baut eine eigene **Salzindustrie** auf, nachdem am Katwe-See im Distrikt Toro, eine Lagerstätte entdeckt wurde. Zum Abschluß eingehender geologischer Untersuchungen konnten Vorräte von insgesamt 23 Mill. t Steinsalz bestätigt werden.

Seitdem im Mai 1954 im **westdeutschen** Nordseegebiet die erste **Offshorebohrung** vonstatten ging, sind dort bis jetzt insgesamt 14 Bohrungen abgeteuft worden. Die Gesamtbohrmeter betragen 38415. Obwohl der Erfolg überwiegend negativ war, sollen die Arbeiten in Kürze fortgesetzt werden.

Herausgeber: Zentrales Geologisches Institut im Auftrag des Staatssekretariats für Geologie beim Ministerrat der Deutschen Demokratischen Republik. Für die kollektive Chefredaktion: Dr. K. KAUTER (Redaktionssekretär), Berlin. Redaktion: 1054 Berlin, Zionskirchstraße 34 (Fernsprecher 426001). Verlag: Akademie-Verlag GmbH, 108 Berlin, Leipziger Straße 3–4 (Fernsprecher 220441, Telex 0112020, Postscheckkonto: Berlin 35021). Bestellnummer des Heftes 1047/15/5. Alleinige Anzeigenannahme DEWAG-WERBUNG, 102 Berlin, Rosenthaler Str. 28–31, und alle DEWAG-Betriebe in den Bezirksstädten der DDR. Die „Zeitschrift für angewandte Geologie" erscheint monatlich, Exportpreis M 6,–, Sonderpreis für die DDR M 2,– je Heft. – Satz und Druck: VEB Druckhaus „Maxim Gorki", 74 Altenburg. Veröffentlicht unter der Lizenznummer 1279 des Presseamtes beim Vorsitzenden des Ministerrates der Deutschen Demokratischen Republik. Kartengenehmigung Nr. 1101/68.

34114

ABHANDLUNGEN

des Zentralen Geologischen Instituts

Bisher erschienen

D. Franke

Stratigraphisches Korrelationsschema für das Silur der Deutschen Demokratischen Republik und angrenzender Gebiete

1964 — 36 Seiten — Anlageband mit 6 Tabellen — Halbleinen M 10,—

Heft 1

10 Jahre Paläontologie. Bericht über das Jubiläums-Kolloquium des Bereiches Paläontologie im Zentralen Geologischen Institut

1965 — 313 Seiten — 24 Tafeln — 12 Abbildungen — 8 Tabellen — Halbleinen M 15,—

Heft 2

H. Kado, F. Reuter, G. Bachmann

Die ingenieurgeologischen Eigenschaften der wichtigsten Lockergesteine der DDR unter Berücksichtigung ihrer Genese und physikalischen Kennzahlen

1966 — 134 Seiten — 107 Abbildungen — 15 Tabellen — Anlageband — Halbleinen M 15,—

Heft 3

Kolloquium aus Anlaß des 15jährigen Bestehens der Arbeitsgruppen Ingenieurgeologie am 20. und 21. Mai 1965 in Berlin

1965 — 97 Seiten — 2 Karten — 22 Abbildungen — 6 Tabellen — Halbleinen M 15,—

Heft 4

D. Rau

Untersuchungen zur Morphologie und Genese der Lößböden im Thüringer Becken

1965 — 71 Seiten — 12 Abbildungen — 14 Tabellen — Halbleinen M 10,—

Heft 5

I. Diener

Stratigraphisches Korrelationsschema für die Kreide der Deutschen Demokratischen Republik und angrenzender Gebiete

1966 — 137 Seiten — 6 Abbildungen — 3 Text-Tabellen — 12 Anlagen-Tabellen — Halbleinen M 15,—

Heft 6

H. Pfeiffer

Stratigraphisches Korrelationsschema für das Devon der Deutschen Demokratischen Republik und angrenzender Gebiete

1967 — X und 74 Seiten — 1 Abbildung — 4 Text-Tabellen — 5 Anlagen-Tabellen — 1 mehrfarbiges Profil — Halbleinen M 15,—

Heft 7

E. v. Hoyningen-Huene

Stratigraphische Korrelationsschemata für das Siles und das Perm der Deutschen Demokratischen Republik

1968 — XII und 133 Seiten — 7 Abbildungen — 9 Tabellen — 11 Anlagen — Halbleinen M 25,—

Heft 8

H. Döring, W. Krutzsch, D. H. Mai, E. Schulz

Erläuterungen zu den sporenstratigraphischen Tabellen vom Zechstein bis zum Oligozän

1966 — 149 Seiten — 8 Anlagen-Tabellen — Halbleinen M 15,—

Heft 9

Instruktion für die Anfertigung einheitlicher ingenieurgeologischer Grundkarten

1967 — VIII und 35 Seiten — Farb- und Zeichenerklärung — 9 Anlagen — Halbleinen M 15,—

Heft 10

Klimaänderungen im Tertiär aus paläobotanischer Sicht

1967 — LII und 228 Seiten — 28 Abbildungen — 11 Bildtafeln — Halbleinen M 30,—

Heft 14

Autorenkollektiv

Engineering-Geological Mapping in the Countries of the Council of Mutual Economic Aid

1968 — X und 148 Seiten — 28 Abbildungen — 6 Tabellen — 10 Anlagen — Halbleinen M 30,—

In Vorbereitung befinden sich

Heft 11

H. Kästner

Zur Geologie der Kalisalz- und Kohlensäurelagerstätten im südlichen Werra-Kaligebiet

Heft 12

D. Lotsch

Stratigraphisches Korrelationsschema für das Tertiär der Deutschen Demokratischen Republik

Heft 13

P. Puff

Über den Unteren Buntsandstein am Südrand des Thüringer Beckens

Heft 15

H. Pfeiffer

Stratigraphisches Korrelationsschema für das Dinant der Deutschen Demokratischen Republik

Bestellungen nimmt die Vertriebsstelle des Zentralen Geologischen Instituts, 104 Berlin, Invalidenstraße 44, entgegen.

FSC
www.fsc.org
MIX
Papier | Fördert gute Waldnutzung
FSC® C083411

Kolibri 360 GmbH
Ferdinand-Jühlke-Straße 7
99095 Erfurt, Deutschland
produktsicherheit@kolibri360.de